Wolfram Mauser

Wie lange reicht die Ressource Wasser?

Schriftenreihe Band 659

Wolfram Mauser

Wie lange reicht die Ressource Wasser?

Vom Umgang mit dem blauen Gold

Herausgegeben von
Klaus Wiegandt

bpb:
Bundeszentrale für politische Bildung

Wolfram Mauser ist Professor für Geographie und geographische Fernerkundung an der Ludwig-Maximilians-Universität München.

FSC
Mix
Produktgruppe aus vorbildlich bewirtschafteten Wäldern und anderen kontrollierten Herkünften

Zert.-Nr. GFA-COC-1223
www.fsc.org
© 1996 Forest Stewardship Council

Bonn 2007
Lizenzausgabe für die Bundeszentrale für politische Bildung
Adenauerallee 86, 53113 Bonn

Umschlaggestaltung: Michael Rechl, Kassel
Umschlagfoto: © Thomas Frister

Gesamtherstellung: Clausen & Bosse, Leck

ISBN 978-3-89331-818-6

www.bpb.de

Inhalt

Vorwort des Herausgebers
Handeln – aus Einsicht und Verantwortung 7

Vorwort 19

1 Einleitung 23

2 Wasser im globalen Lebenserhaltungssystem der Erde 29
2.1 Wasser – ein merkwürdiger Stoff 31
2.2 Warum sind Leben und Wasser eine unauflösliche Einheit? 36
2.3 Das dritte Gleichgewicht 37
2.4 Der Mensch im Erdsystem 44
2.5 Welchen Rahmen für die Nutzung des Wassers steckt die Natur ab? 51
2.6 Wassernutzung durch Natur und Gesellschaft 54
2.7 Blaues und grünes Wasser 56
2.8 Zusammenfassung 64

3 Wie wird Wasser genutzt? – Regionale Beispiele 66
3.1 Der Aralsee 66
3.2 Der Nil 77

4 Wie viel Wasser ist verfügbar? – Eine neue Perspektive 98
4.1 Die Dublin-Leitprinzipien zu Wasser und nachhaltiger Entwicklung 101
4.2 Das Wasser in Zahlen 107

5	**Wasser und Landnutzung**	111
5.1	Was macht der Mensch im Kleinen?	111
5.2	Was macht der Mensch im Großen?	120
5.3	Wie verändert der Mensch die globale Landnutzung?	128
5.4	Menschen waren Nomaden	129
5.5	Menschen wurden Bauern	135
5.6	Menschen sind Städter	139
5.7	Menschen handeln anders als das Erdsystem	145
5.8	Wasser für Mensch und Natur	149
5.9	Zusammenfassung	158
6	**Wie viel Wasser braucht der Mensch?**	161
6.1	Trinkwasser	162
6.2	Sanitärwasser	163
6.3	Wasser für die Industrie	169
6.4	Wasser für die Ernährung	174
6.5	Wasser und Lebensstile	180
6.6	Zusammenfassung	185
7	**Virtuelles Wasser**	188
7.1	Was ist virtuelles Wasser?	190
7.2	Konsum und Umweltverträglichkeit verbinden: Der Wasser-Fußabdruck	198
8	**Die Zukunft der Ressource Wasser**	207
8.1	Wie viel Wasser wird zukünftig gebraucht?	214
8.2	Woher soll das zusätzliche Wasser kommen?	216
8.3	Wasser besser nutzen: More Crop per Drop	221
8.4	Wege in die nachhaltige Nutzung der Ressource Wasser	232
	Glossar	240
	Literaturhinweise	243

Vorwort des Herausgebers

Handeln – aus Einsicht und Verantwortung

»Wir waren im Begriff, Götter zu werden, mächtige Wesen, die eine zweite Welt erschaffen konnten, wobei uns die Natur nur die Bausteine für unsere neue Schöpfung zu liefern brauchte.«

Dieser mahnende Satz des Psychoanalytikers und Sozialphilosophen Erich Fromm findet sich in *Haben oder Sein – die seelischen Grundlagen einer neuen Gesellschaft* (1976). Das Zitat drückt treffend aus, in welches Dilemma wir durch unsere wissenschaftlich-technische Orientierung geraten sind.

Aus dem ursprünglichen Vorhaben, sich *der* Natur zu unterwerfen, um sie nutzen zu können (»Wissen ist Macht«), erwuchs die Möglichkeit, *die* Natur zu unterwerfen, um sie auszubeuten. Wir sind vom frühen Weg des Erfolges mit vielen Fortschritten abgekommen und befinden uns auf einem Irrweg der Gefährdung mit unübersehbaren Risiken. Die größte Gefahr geht dabei von dem unerschütterlichen Glauben der überwiegenden Mehrheit der Politiker und Wirtschaftsführer an ein unbegrenztes Wirtschaftswachstum aus, das im Zusammenspiel mit grenzenlosen technologischen Innovationen Antworten auf alle Herausforderungen der Gegenwart und Zukunft geben werde.

Schon seit Jahrzehnten werden die Menschen aus Kreisen der Wissenschaft vor diesem Kollisionskurs mit der Natur gewarnt. Bereits 1983 gründeten die Vereinten Nationen eine Weltkommission für Umwelt und Entwicklung, die sich 1987 mit dem so genannten Brundtland-Bericht zu Wort meldete. Unter dem Titel »Our Common Future« wurde ein Konzept vorgestellt, das die Menschen vor Katastrophen bewahren will und zu einem verantwortbaren Leben zurückfinden lassen soll. Gemeint ist das Konzept einer »langfristig umweltverträglichen Ressourcennutzung« – in der deutschen Sprache als Nachhaltigkeit bezeichnet. Nachhaltigkeit meint – im Sinne des Brundtland-Berichts – »eine Entwicklung, die den Bedürfnissen der heutigen Generation entspricht, ohne die Möglichkeiten künftiger Generationen zu gefährden, ihre eigenen Bedürfnisse zu befriedigen und ihren Lebensstandard zu wählen«.

Leider ist dieses Leitbild für ökologisch, ökonomisch und sozial nachhaltiges Handeln trotz zahlreicher Bemühungen noch nicht zu der Realität geworden, zu der es werden kann, ja werden muss. Dies liegt meines Erachtens darin begründet, dass die Zivilgesellschaften bisher nicht ausreichend informiert und mobilisiert wurden.

Forum für Verantwortung

Vor diesem Hintergrund und mit Blick auf zunehmend warnende Stimmen und wissenschaftliche Ergebnisse habe ich mich entschlossen, mit meiner Stiftung gesellschaftliche Verantwortung zu übernehmen. Ich möchte zur Verbreitung und Vertiefung des öffentlichen Diskurses über die unabdingbar notwendige nachhaltige Entwicklung beitragen. Mein Anliegen ist es, mit dieser Initiative einer großen Zahl von Menschen Sach- und Orientierungswissen zum Thema Nachhaltigkeit zu vermitteln sowie alternative Handlungsmöglichkeiten aufzuzeigen.

Denn das Leitbild »nachhaltige Entwicklung« allein reicht nicht aus, um die derzeitigen Lebens- und Wirtschaftsweisen zu verändern. Es bietet zwar eine Orientierungshilfe, muss jedoch in der Gesellschaft konkret ausgehandelt und dann in Handlungsmuster umgesetzt werden. Eine demokratische Gesellschaft, die sich ernsthaft in Richtung Zukunftsfähigkeit umorientieren will, ist auf kritische, kreative, diskussions- und handlungsfähige Individuen als gesellschaftliche Akteure angewiesen. Daher ist lebenslanges Lernen, vom Kindesalter bis ins hohe Alter, an unterschiedlichen Lernorten und unter Einbezug verschiedener Lernformen (formelles und informelles Lernen), eine unerlässliche Voraussetzung für die Realisierung einer nachhaltigen gesellschaftlichen Entwicklung. Die praktische Umsetzung ökologischer, ökonomischer und sozialer Ziele einer wirtschaftspolitischen Nachhaltigkeitsstrategie verlangt nach reflexions- und innovationsfähigen Menschen, die in der Lage sind, im Strukturwandel Potentiale zu erkennen und diese für die Gesellschaft nutzen zu lernen.

Es reicht für den Einzelnen nicht aus, lediglich »betroffen« zu sein. Vielmehr ist es notwendig, die wissenschaftlichen Hintergründe und Zusammenhänge zu verstehen, um sie für sich verfügbar zu machen und mit anderen in einer zielführenden Diskussion vertiefen zu können. Nur so entsteht Urteilsfähigkeit, und Urteilsfähigkeit ist die Voraussetzung für verantwortungsvolles Handeln.

Die unablässige Bedingung hierfür ist eine zugleich sachgerechte und verständliche Aufbereitung sowohl der Fakten als auch der Denkmodelle, in deren Rahmen sich mögliche Handlungsalternativen aufzeigen lassen und an denen sich jeder orientieren und sein persönliches Verhalten ausrichten kann.

Um diesem Ziel näher zu kommen, habe ich ausgewiesene Wissenschaftlerinnen und Wissenschaftler gebeten, in der

Reihe »Forum für Verantwortung« zu zwölf wichtigen Themen aus dem Bereich der nachhaltigen Entwicklung den Stand der Forschung und die möglichen Optionen allgemeinverständlich darzustellen. Die ersten acht Bände zu folgenden Themen sind erschienen:

- *Was verträgt unsere Erde noch? Wege in die Nachhaltigkeit* (Jill Jäger)
- *Kann unsere Erde die Menschen noch ernähren? Bevölkerungsexplosion – Umwelt – Gentechnik* (Klaus Hahlbrock)
- *Nutzen wir die Erde richtig? Die Leistungen der Natur und die Arbeit des Menschen* (Friedrich Schmidt-Bleek)
- *Bringen wir das Klima aus dem Takt? Hintergründe und Prognosen* (Mojib Latif)
- *Wie schnell wächst die Zahl der Menschen? Weltbevölkerung und weltweite Migration* (Rainer Münz / Albert F. Reiterer)
- *Wie lange reicht die Ressource Wasser? Der Umgang mit dem blauen Gold* (Wolfram Mauser)
- *Was sind die Energien des 21. Jahrhunderts? Der Wettlauf um die Lagerstätten* (Hermann-Josef Wagner)
- *Wie bedroht sind die Ozeane? Biologische und physikalische Aspekte* (Stefan Rahmstorf / Katherine Richardson)

Die letzten vier Bände der Reihe werden Ende 2007 erscheinen. Sie stellen Fragen nach dem möglichen Umbau der Wirtschaft (Bernd Meyer), nach der Bedrohung durch Infektionskrankheiten (Stefan H. E. Kaufmann), nach der Gefährdung der Artenvielfalt (Josef H. Reichholf) und nach einem möglichen Weg zu einer neuen Weltordnung im Zeichen der Nachhaltigkeit (Harald Müller).

Zwölf Bände – es wird niemanden überraschen, wenn im

Hinblick auf die Bedeutung von wissenschaftlichen Methoden oder die Interpretationsbreite aktueller Messdaten unterschiedliche Auffassungen vertreten werden. Unabhängig davon sind sich aber alle an diesem Projekt Beteiligten darüber einig, dass es keine Alternative zu einem Weg aller Gesellschaften in die Nachhaltigkeit gibt.

Öffentlicher Diskurs

Was verleiht mir den Mut zu diesem Projekt und was die Zuversicht, mit ihm die deutschsprachigen Zivilgesellschaften zu erreichen und vielleicht einen Anstoß zu bewirken?

Zum einen sehe ich, dass die Menschen durch die Häufung und das Ausmaß der Naturkatastrophen der letzten Jahre sensibler für Fragen unseres Umgangs mit der Erde geworden sind. Zum anderen gibt es im deutschsprachigen Raum bisher nur wenige allgemeinverständliche Veröffentlichungen wie *Die neuen Grenzen des Wachstums* (Donella und Dennis Meadows), *Erdpolitik* (Ernst-Ulrich von Weizsäcker), *Balance oder Zerstörung* (Franz Josef Radermacher), *Fair Future* (Wuppertal Institut) und *Kollaps* (Jared Diamond). Insbesondere liegen keine Schriften vor, die zusammenhängend das breite Spektrum einer umfassend nachhaltigen Entwicklung abdecken.

Das vierte Kolloquium meiner Stiftung, das im März 2005 in der Europäischen Akademie Otzenhausen (Saarland) zu dem Thema »Die Zukunft der Erde – was verträgt unser Planet noch?« stattfand, zeigte deutlich, wie nachdenklich eine sachgerechte und allgemeinverständliche Darstellung der Thematik die große Mehrheit der Teilnehmer machte.

Darüber hinaus stimmt mich persönlich zuversichtlich,

dass die mir eng verbundene ASKO EUROPA-STIFTUNG alle zwölf Bände vom Wuppertal Institut für Klima, Umwelt, Energie didaktisieren lässt, um qualifizierten Lehrstoff für langfristige Bildungsprogramme zum Thema Nachhaltigkeit sowohl im Rahmen der Stiftungsarbeit als auch im Rahmen der Bildungsangebote der Europäischen Akademie Otzenhausen zu erhalten. Das Thema Nachhaltigkeit wird in den nächsten Jahren zu dem zentralen Thema der ASKO EUROPA-STIFTUNG und der Europäischen Akademie Otzenhausen.

Schließlich gibt es ermutigende Zeichen in unserer Zivilgesellschaft, dass die Bedeutung der Nachhaltigkeit erkannt und auf breiter Basis diskutiert wird. So zum Beispiel auf dem 96. Deutschen Katholikentag 2006 in Saarbrücken unter dem Motto »Gerechtigkeit vor Gottes Angesicht«. Die Bedeutung einer zukunftsfähigen Entwicklung wird inzwischen durch mehrere Institutionen der Wirtschaft und der Politik auch in Deutschland anerkannt und gefordert, beispielsweise durch den Rat für Nachhaltige Entwicklung, die Bund-Länder-Kommission, durch Stiftungen, Nicht-Regierungs-Organisationen und Kirchen.

Auf globaler Ebene mehren sich die Aktivitäten, die den Menschen die Bedeutung und die Notwendigkeit einer nachhaltigen Entwicklung ins Bewusstsein rufen wollen: Ich möchte an dieser Stelle unter anderem auf den »Marrakesch-Prozess« (eine Initiative der UN zur Förderung nachhaltigen Produzierens und Konsumierens), auf die UN-Weltdekade »Bildung für nachhaltige Entwicklung« 2005–2014 sowie auf den Film des ehemaligen US-Vizepräsidenten Al Gore *An Inconvenient Truth* (2006) verweisen.

Wege in die Nachhaltigkeit

Eine wesentliche Aufgabe unserer auf zwölf Bände angelegten Reihe bestand für die Autorinnen und Autoren darin, in dem jeweils beschriebenen Bereich die geeigneten Schritte zu benennen, die in eine nachhaltige Entwicklung führen können. Dabei müssen wir uns immer vergegenwärtigen, dass der erfolgreiche Übergang zu einer derartigen ökonomischen, ökologischen und sozialen Entwicklung auf unserem Planeten nicht sofort gelingen kann, sondern viele Jahrzehnte dauern wird. Es gibt heute noch keine Patentrezepte für den langfristig erfolgreichsten Weg. Sehr viele Wissenschaftlerinnen und Wissenschaftler und noch mehr innovationsfreudige Unternehmerinnen und Unternehmer sowie Managerinnen und Manager werden weltweit ihre Kreativität und Dynamik zur Lösung der großen Herausforderungen aufbieten müssen. Dennoch sind bereits heute erste klare Ziele erkennbar, die wir erreichen müssen, um eine sich abzeichnende Katastrophe abzuwenden. Dabei können weltweit Milliarden Konsumenten mit ihren täglichen Entscheidungen beim Einkauf helfen, der Wirtschaft den Übergang in eine nachhaltige Entwicklung zu erleichtern und ganz erheblich zu beschleunigen – wenn die politischen Rahmenbedingungen dafür geschaffen sind. Global gesehen haben zudem Milliarden von Bürgern die Möglichkeit, in demokratischer Art und Weise über ihre Parlamente die politischen »Leitplanken« zu setzen.

Die wichtigste Erkenntnis, die von Wissenschaft, Politik und Wirtschaft gegenwärtig geteilt wird, lautet, dass unser ressourcenschweres westliches Wohlstandsmodell (heute gültig für eine Milliarde Menschen) nicht auf weitere fünf oder bis zum Jahr 2050 sogar auf acht Milliarden Menschen übertragbar ist. Das würde alle biophysikalischen Grenzen unseres

Systems Erde sprengen. Diese Erkenntnis ist unbestritten. Strittig sind jedoch die Konsequenzen, die daraus zu ziehen sind.

Wenn wir ernsthafte Konflikte zwischen den Völkern vermeiden wollen, müssen die Industrieländer ihren Ressourcenverbrauch stärker reduzieren als die Entwicklungs- und Schwellenländer ihren Verbrauch erhöhen. In Zukunft müssen sich alle Länder auf gleichem Ressourcenverbrauchsniveau treffen. Nur so lässt sich der notwendige ökologische Spielraum schaffen, um den Entwicklungs- und Schwellenländern einen angemessenen Wohlstand zu sichern.

Um in diesem langfristigen Anpassungsprozess einen dramatischen Wohlstandsverlust des Westens zu vermeiden, muss der Übergang von einer ressourcenschweren zu einer ressourcenleichten und ökologischen Marktwirtschaft zügig in Angriff genommen werden.

Die Europäische Union als stärkste Wirtschaftskraft der Welt bringt alle Voraussetzungen mit, in diesem Innovationsprozess die Führungsrolle zu übernehmen. Sie kann einen entscheidenden Beitrag leisten, Entwicklungsspielräume für die Schwellen- und Entwicklungsländer im Sinn der Nachhaltigkeit zu schaffen. Gleichzeitig bieten sich der europäischen Wirtschaft auf Jahrzehnte Felder für qualitatives Wachstum mit zusätzlichen Arbeitsplätzen. Wichtig wäre in diesem Zusammenhang auch die Rückgewinnung von Tausenden von begabten Wissenschaftlerinnen und Wissenschaftlern, die Europa nicht nur aus materiellen Gründen, sondern oft auch wegen fehlender Arbeitsmöglichkeiten oder unsicheren -bedingungen verlassen haben.

Auf der anderen Seite müssen die Schwellen- und Entwicklungsländer sich verpflichten, ihre Bevölkerungsentwicklung in überschaubarer Zeit in den Griff zu bekommen. Mit stärkerer Unterstützung der Industrienationen muss das von der Weltbevölkerungskonferenz der UNO 1994 in Kairo verabschiedete 20-Jahres-Aktionsprogramm umgesetzt werden.

Wenn es der Menschheit nicht gelingt, die Ressourcen- und Energieeffizienz drastisch zu steigern und die Bevölkerungsentwicklung nachhaltig einzudämmen – man denke nur an die Prognose der UNO, nach der die Bevölkerungsentwicklung erst bei elf bis zwölf Milliarden Menschen am Ende dieses Jahrhunderts zum Stillstand kommt –, dann laufen wir ganz konkret Gefahr, Ökodiktaturen auszubilden. In den Worten von Ernst Ulrich von Weizsäcker: »Die Versuchung für den Staat wird groß sein, die begrenzten Ressourcen zu rationieren, das Wirtschaftsgeschehen im Detail zu lenken und von oben festzulegen, was Bürger um der Umwelt willen tun und lassen müssen. Experten für ›Lebensqualität‹ könnten von oben definieren, was für Bedürfnisse befriedigt werden dürften« (*Erdpolitik*, 1989).

Es ist an der Zeit

Es ist an der Zeit, dass wir zu einer grundsätzlichen, kritischen Bestandsaufnahme in unseren Köpfen bereit sind. Wir – die Zivilgesellschaften – müssen entscheiden, welche Zukunft wir wollen. Fortschritt und Lebensqualität sind nicht allein abhängig vom jährlichen Zuwachs des Pro-Kopf-Einkommens. Zur Befriedigung unserer Bedürfnisse brauchen wir auch keineswegs unaufhaltsam wachsende Gütermengen. Die kurzfristigen Zielsetzungen in unserer Wirtschaft wie Gewinnmaximierung und Kapitalakkumulierung sind eines der Haupthindernisse für eine nachhaltige Entwicklung. Wir sollten unsere Wirtschaft wieder stärker dezentralisieren und den

Welthandel im Hinblick auf die mit ihm verbundene Energieverschwendung gezielt zurückfahren. Wenn Ressourcen und Energie die »wahren« Preise widerspiegeln, wird der weltweite Prozess der Rationalisierung und Freisetzung von Arbeitskräften sich umkehren, weil der Kostendruck sich auf die Bereiche Material und Energie verlagert.

Der Weg in die Nachhaltigkeit erfordert gewaltige technologische Innovationen. Aber nicht alles, was technologisch machbar ist, muss auch verwirklicht werden. Die totale Ökonomisierung unserer gesamten Lebensbereiche ist nicht erstrebenswert. Die Verwirklichung von Gerechtigkeit und Fairness für alle Menschen auf unserer Erde ist nicht nur aus moralisch-ethischen Prinzipien erforderlich, sondern auch der wichtigste Beitrag zur langfristigen Friedenssicherung. Daher ist es auch unvermeidlich, das politische Verhältnis zwischen Staaten und Völkern der Erde auf eine neue Basis zu stellen, in der sich alle, nicht nur die Mächtigsten, wieder finden können. Ohne einvernehmliche Grundsätze »globalen Regierens« lässt sich Nachhaltigkeit in keinem Einzigen der in dieser Reihe diskutierten Themenbereiche verwirklichen.

Und letztendlich müssen wir die Frage stellen, ob wir Menschen das Recht haben, uns so stark zu vermehren, dass wir zum Ende dieses Jahrhunderts womöglich eine Bevölkerung von 11 bis 12 Milliarden Menschen erreichen, jeden Quadratzentimeter unserer Erde in Beschlag nehmen und den Lebensraum und die Lebensmöglichkeiten aller übrigen Arten immer mehr einengen und zerstören.

Unsere Zukunft ist nicht determiniert. Wir selbst gestalten sie durch unser Handeln und Tun: Wir können so weitermachen wie bisher, doch dann begeben wir uns schon Mitte dieses Jahrhunderts in die biophysikalische Zwangsjacke der Natur mit möglicherweise katastrophalen politischen Verwicklungen. Wir haben aber auch die Chance, eine gerechtere und lebenswerte Zukunft für uns und die zukünftigen Generationen zu gestalten. Dies erfordert das Engagement aller Menschen auf unserem Planeten.

Danksagung

Mein ganz besonderer Dank gilt den Autorinnen und Autoren dieser zwölfbändigen Reihe, die sich neben ihrer hauptberuflichen Tätigkeit der Mühe unterzogen haben, nicht für wissenschaftliche Kreise, sondern für eine interessierte Zivilgesellschaft das Thema Nachhaltigkeit allgemeinverständlich aufzubereiten. Für meine Hartnäckigkeit, an dieser Vorgabe weitestgehend festzuhalten, bitte ich an dieser Stelle nochmals um Nachsicht. Dankbar bin ich für die vielfältigen und anregenden Diskussionen über Wege in die Nachhaltigkeit.

Bei der umfangreichen Koordinationsarbeit hat mich von Anfang an ganz maßgeblich Ernst Peter Fischer unterstützt – dafür meinen ganz herzlichen Dank, ebenso Wolfram Huncke, der mich in Sachen Öffentlichkeitsarbeit beraten hat. Für die umfangreichen organisatorischen Arbeiten möchte ich mich ganz herzlich bei Annette Maas bedanken, ebenso bei Ulrike Holler vom S. Fischer Verlag für die nicht einfache Lektoratsarbeit.

Auch den finanziellen Förderern dieses Großprojektes gebührt mein Dank: allen voran der ASKO EUROPA-STIFTUNG (Saarbrücken) und meiner Familie sowie der Stiftung Europrofession (Saarbrücken), Erwin V. Conradi, Wolfgang Hirsch, Wolf-Dietrich und Sabine Loose.

Seeheim-Jugenheim
Sommer 2006

Stiftung Forum für Verantwortung
Klaus Wiegandt

Vorwort

Als Klaus Wiegandt auf mich zukam und mir sein Vorhaben, mit seiner Stiftung eine Buchreihe mit zwölf Bänden zum Thema Nachhaltigkeit herauszugeben, vorstellte und mich fragte, ob ich mitmachen wolle, habe ich keinen Moment gezögert. Zu wichtig erscheint mir gerade im Zusammenhang mit der Nachhaltigkeit das Thema Wasser, als dass man es zwischen hochkomplexen Diskussionen wissenschaftlicher Beratungsgremien und einem oftmals oberflächlichen Journalismus, der an der Vielfalt der Zusammenhänge zu scheitern droht, verkümmern lassen darf. Ein verständliches und doch fundiertes Buch zur Zukunft des Wassers sollte also entstehen, das das heutige Wissen über die Chancen und Risiken auf unserem gemeinsamen Weg in eine zukünftig nachhaltige Nutzung von Süßwasser darstellt.

Dem anfänglichen Enthusiasmus bei der Arbeit folgte recht schnell Respekt vor dem eigentlichen Stoff des Buches, dem Wasser. Es ist die Art von Respekt, der sich einstellt, wenn man, einem Helikopterflug gleich, die Breite und Komplexität desjenigen Ganzen begreift, das man als Naturwissenschaftler in der Regel notgedrungen nur in kleinen und engen Details bearbeitet.

Für Natur, Leben und Mensch ist das Wasser eine zentrale Ressource. Was wir über das Wasser wissen wollen und wie wir mit ihm umgehen, verrät deshalb viel über uns selbst. Über unsere Schwierigkeiten, es als erneuerbar und gleichzeitig nicht unerschöpflich zu sehen, über unsere Schwierigkeiten, uns eine wirklich globale Welt vorzustellen, die wir gemeinsam mit der Natur bewohnen, über unseren immensen Einfallsreichtum bei gleichzeitig immenser Kurzsichtigkeit. So ist Beschäftigung mit dem Wasser gleichzeitig auch Beschäftigung mit unserem, oft problematischen, Verhältnis zur Natur.

Das Wasser, der Stoff, der alles auflöst, hat im Laufe meiner akademischen Arbeit langsam und fast unmerklich auch für mich die Grenzen zwischen den Wissenschaftsdisziplinen aufgelöst. Allmählich gesellte sich dabei die Frage, wozu es regnet, völlig gleichberechtigt zu der Frage, weshalb es regnet. Nur wenn Natur-, Ingenieur-, Geistes-, Kultur- und Wirtschaftswissenschaften sich gemeinsam und unvoreingenommen dem Wasser und damit den Wegen zu einem nachhaltigen Umgang mit Naturressourcen widmen, haben wir eine Chance, die Balance zwischen Mensch und Natur zu erreichen. Bisweilen sind Hochmut und Sprachlosigkeit der Natur- und Ingenieurwissenschaften dabei einer Lösung nicht förderlich. Als Physiker und Geograph haben mir die geisteswissenschaftlichen Wurzeln meines Elternhauses bei diesen Erkenntnissen sehr geholfen.

Der nachhaltige Umgang mit Wasser, und das gilt in gleicher Weise auch für alle anderen Naturressourcen, ist kein Problem, das wir als Gesellschaft alleine den Abteilungen Wissenschaft, Politik oder Ökonomie zur Lösung vor die Tür legen dürfen. Sie gehört zu den Kernfragen einer entstehenden globalen Kultur, die jeden Menschen betrifft und unser Überleben bestimmen wird.

Ich möchte mich bedanken bei allen, die dazu beigetragen haben, dass dieses Buch entstand. Zuvorderst danke ich Herrn Klaus Wiegandt und dem Forum für Verantwortung für die

Weitsicht und den Mut, sich in der umfassenden Weise dem Thema Nachhaltigkeit zu nähern, die sich in der entstehenden Buchreihe ausdrückt. Das vorliegende Buch wäre nicht entstanden ohne intensive und jahrelange Diskussionen mit Fachkollegen. Hier möchte ich vor allem den früheren und aktuellen Kolleginnen und Kollegen im Nationalen Komitee für die Global Change Forschung der Deutschen Forschungsgemeinschaft und des BMBF (www.nkgcf.org), dem ich nunmehr schon seit mehreren Jahren vorsitze, für die vielfältigen, interdisziplinären und stets konstruktiven Diskussionen, die viele Erkenntnisse befördert haben, danken. Dank gilt auch allen meinen Mitarbeiterinnen und Mitarbeitern am Department für Geographie der LMU München für die anregenden Gespräche, Auseinandersetzung und für die Unterstützung. Der größte Dank gilt meiner Frau, Dr. Heike Bach, die mir menschlich wie fachlich immer liebevoll zur Seite steht.

München, den 20. Januar 2007

1 Einleitung

Wasser ist ein natürlicher Bestandteil unserer Umwelt. In unseren Breiten, das heißt in Mitteleuropa, gibt es keinen Mangel an Wasser. Es wird deshalb als beinahe selbstverständlich hingenommen, dass Wasser verfügbar ist. Neben dem Wasser, das in Form von regelmäßigem Niederschlag die Natur ausreichend versorgt, hat sich der Mensch ein aufwendiges Wasserversorgungssystem geschaffen. Es ermöglicht, dass das benötigte Wasser mit einem Handgriff aus der Wand fließt und für die verschiedensten Zwecke vom Baden bis zum Blumengießen genutzt werden kann. Die scheinbaren Erfolgsmeldungen über zunehmend saubere Gewässer und reichhaltigere Fischbestände in unseren Seen und Flüssen scheinen all denen Recht zu geben, die die Umweltkrise des letzten Jahrhunderts für überwunden erklären wollen. Kurz, zunächst scheint es keinen rechten Grund zu geben, sich mit dem Wasser zu beschäftigen.

In den 1960er und 1970er Jahren fiel der Blick in Deutschland zuletzt verstärkt auf die Folgen des ungehemmten Umgangs mit Wasser. Seitdem hat sich der Betrachtungswinkel auf die Welt im Allgemeinen sowie die Wahrnehmung der Umweltprobleme im Speziellen stark verändert. Damals lag der Blick auf Verschmutzern und Verschmutzungen, auf sterbenden Fischen und stinkenden Chemikalien, auf den Kosten, die die Deutschen für die Beseitigung der Wasserverschmutzung aufbringen sollten sowie auf der Entwicklung und Installation von Technologien wie Kläranlagen, um den industriellen und privaten Schmutz zu beseitigen. Zuvor unvorstellbare Dinge wurden in Angriff genommen, wie z. B. die Ausstattung jeder Gemeinde mit einer Kläranlage oder der Bau der ersten riesigen industriellen Kläranlage durch die BASF in Ludwigshafen. Die Erfolge waren insgesamt beträchtlich, was man daran ermessen kann, dass in der Zwischenzeit das Thema Wasserverschmutzung aus der öffentlichen Auseinandersetzung um unser Verhältnis zur Natur beinahe verschwunden ist. Lediglich Hochwasser beschäftigen uns noch, und das aus deutscher Perspektive vor allem im Zusammenhang mit den viel diskutierten Folgen der Klimaänderung.

In der Zwischenzeit ist die Welt um uns nicht stehen geblieben. Die Industrie hat sich in starkem Ausmaß internationalisiert, die Verflechtung der Wirtschaft ist nicht mehr europäisch, sondern global, die Menschen werden als Verursacher eines globalen, uns alle betreffenden Klimawandels nicht mehr geleugnet. Computer sind nicht mehr nur in der Lage, eine kleine Kapsel mit drei Menschen zum Mond zu steuern. Sie erlauben uns inzwischen durch aufwendige Simulationen einen begründeten Blick in die Zukunft auf der Grundlage eines gewissenhaften Blicks in die Vergangenheit.

Es lohnt sich also, unser regionales, vergangenheitsgeprägtes Empfinden über die Situation des Wassers auf der Erde für eine Weile beiseite zu legen und den Blick auf Grundaussagen zur weltweiten Wassersituation in der heutigen Zeit zu richten. Das liest sich dann so:

»Die Welt-Süßwasser-Reserven geraten durch Übernutzung und Verschmutzung zunehmend unter Druck. Bevölkerungswachstum, wachsende wirtschaftliche Aktivitäten der Bevölkerung sowie verbesserte Lebensbedingungen führen zur verstärkten Konkurrenz und zu Konflikten um die begrenzten Süßwasserressourcen. Eine Kombination aus sozialem Ungleichgewicht sowie ökonomischer Marginalisierung bei gleichzeitig fehlenden Programmen zur Bekämpfung der Armut und zur Kontrolle des Bevölkerungswachstums zwingen die Ärmsten dazu, Böden und Wälder über die Grenzen ihrer Tragfähigkeit hinaus auszubeuten, was oft negativen Auswirkungen auf die Wasserressourcen nach sich zieht. Abschätzungen zeigen, dass heute etwa ein Drittel der Weltbevölkerung unter Bedingungen leben, die durch mittleren bis starken Wasserstress gekennzeichnet sind. Es ist zu erwarten, dass sich dieser Anteil bis 2025 auf zwei Drittel ausweiten wird.«

Soweit die düster klingende Zusammenfassung der Global Water Partnership (2000), des führenden Zusammenschlusses internationaler Organisationen, die sich mit dem Wasser beschäftigen. Die Aussage der Global Water Partnership bringt die veränderte Perspektive der letzten 35 Jahre sehr deutlich zum Ausdruck. Erstens hat sich mit der Globalisierung die Wahrnehmung des Wasserproblems offensichtlich auch globalisiert. Sie hat sich damit aber auch stark verändert. Hier wird nicht mehr gesprochen von toten Fischen und üblem Geruch, sondern von Böden, Wäldern, Konflikten, Tragfähigkeit und Bekämpfung der Armut. Und es wird zum Ausdruck gebracht, dass sich über die heutige Wahrnehmung eines Wasserproblems hinaus am Horizont wohl eine Gefahrenlage noch größeren Ausmaßes auftut. Das Statement der Global Water Partnership ist kurz und eindringlich. Es benennt Probleme und ihre Ursachen, es erweckt aber zunächst den Anschein, als gäbe es nur wenige mögliche Lösungsansätze.

Inzwischen hat sich die globale Aussage der Global Water Partnership dank umfangreicher Untersuchungen mit hoch-

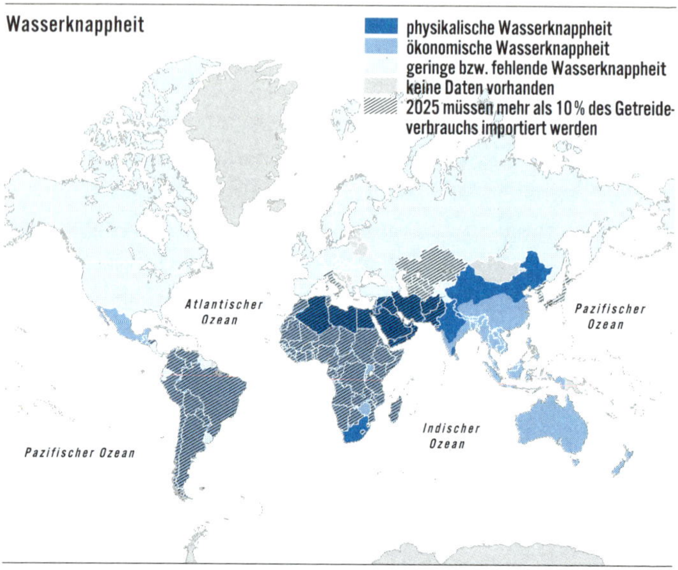

Abb. 1 Die Karte zeigt diejenigen Länder, die 2025 voraussichtlich unter physikalischer und ökonomischer Wasserknappheit leiden werden (aus Geographie [2007]), verändert nach IWMI [2000]).

gezüchteten Simulationsprogrammen regionalisiert. Sie zeigen, wo die Wasserknappheit in Zukunft vor allem auftreten wird. Die in Abb. 1 gezeigte Weltkarte der wahrscheinlichen Wasserknappheit im Jahr 2025, die vom International Water Management Institute in Sri Lanka (IWMI) angefertigt wurde, zeigt, dass große Teile der Erde von ökonomischer oder physikalischer Wasserknappheit heimgesucht werden. Ökonomische Wasserknappheit bedeutet, dass in den bezeichneten Ländern die Wasserverknappung zu negativen Folgen in der ökonomischen Entwicklung der Länder führen wird. Physikalische Wasserknappheit bedeutet, dass objektiv zu wenig Wasser zur Versorgung von Mensch und Natur vorhanden sein wird. Die betroffenen Länder liegen im Süden und in den großen Entwicklungsregionen Asiens, während der Norden nach diesen Untersuchungen kaum Wasserknappheit erfahren wird. Die Schraffur bezeichnet Gebiete, in denen zukünftig hauptsächlich aus Gründen der Wasserknappheit mehr als 10 % des Getreideverbrauchs importiert werden muss.

Drastisch wird in Abb. 1 klar, dass die dargestellten Wasserprobleme in den nächsten 20 Jahren wohl ein weltweites Ausmaß annehmen werden. Fragen drängen sich auf. Hat es die benannten Probleme schon vor 35 Jahren gegeben? Wenn ja, warum wurden sie damals nicht wahrgenommen? Ist die Darstellung der benannten Probleme womöglich nur Resultat der Veränderung des Standpunktes, sind sie deshalb möglicherweise gar nicht so vordringlich und nur Ausdruck einer steigenden Panikmache in der Umweltdiskussion? Wenn die benannten Probleme sich tatsächlich erst in den letzten 30–50 Jahren entwickelt haben, ergeben sich neue Fragen. Was sind die Ursachen der dramatischen Verknappung des Wassers als einen der wichtigsten Naturressourcen? Was sind die Gründe für die Grenzen der Verfügbarkeit von Wasser, wo liegen diese Grenzen? Wie lässt sich die zukünftige Entwicklung der Wassernutzung so gestalten, dass sie generationengerecht und damit nachhaltig ist?

Die radikalen Analysen der Global Water Partnership und des IWMI zeigen auf, dass die Menschheit offensichtlich in ihrer expansiven Nutzung der Naturressourcen vor allem und zuallererst beim Wasser Probleme erfährt und in naher Zukunft an harte Grenzen stoßen wird. Dieses allmähliche Bewusstwerden der Grenzen der Verfügbarkeit ist neu. Es ist ein Charakteristikum der Auseinandersetzung des Menschen mit der Umwelt im beginnenden 21. Jahrhundert, mit dieser neuen Grenzwahrnehmung umzugehen. Auch vor dem Hintergrund, dass sich auch in anderen Bereichen, wie bei der Energieversorgung, der Bodenfruchtbarkeit und der Meeresproduktivität Grenzen auftun, lohnt sich offensichtlich ein genauerer und erneuter Blick auf den Umgang der Menschen mit der zentralen Naturressource Süßwasser, auf unsere Abhängigkeit von deren Lieferung, ihre Nutzung und die sich dabei auftuenden Konflikte.

Bevor wir den aufgeworfenen Fragen nach der Beeinflussung und Beeinträchtigung des Wasserhaushaltes der Erde durch den Menschen sowie den Möglichkeiten einer zukünftig nachhaltigen Nutzung der Wasserressourcen auf den Grund gehen können, lohnt eine eingehende Beschäftigung mit den Grundlagen. Hier wird zunächst die Rolle des Wassers auf der Erde zur Sprache kommen, ohne dabei den Menschen zu sehr ins Blickfeld zu rücken. Schließlich hat die Erde in Milliarden von Jahren durch die Verfügbarkeit von flüssigem Wasser Leben hervorgebracht und entwickelt, ohne dass es dazu den Menschen gebraucht hätte. Welche Folgen hat der sehr ungewöhnliche Reichtum an Wasser und vor allem auch die erstaunliche Vielfalt seines Vorkommens auf die Erde? Wie würde sie aussehen, wenn man sich das Wasser für einen Moment wegdenkt? Wie sind Leben und Wasser miteinander verbunden?

2 Wasser im globalen Lebenserhaltungssystem der Erde

Die Menschheit lebt auf dem Blauen Planeten. Die Ozeane lassen die Erde vor dem Hintergrund des schwarzen Weltraums blau erscheinen. Kein anderer uns bekannter Planet trägt Wasser in einer solchen Fülle. Während auf dem Mars gefrorene Wasservorkommen in Spuren nachgewiesen werden konnten und es gute Gründe gibt anzunehmen, dass in früheren Zeiten dort Flüsse und Seen existierten, bedeckt es auf der Erde 70 % der Oberfläche in flüssiger Form und 5 % der Oberfläche in Form von Eis. Es ist auf der Erde in allen drei Aggregatzuständen vorzufinden. Es ist die große Menge und große Vielfalt der Wasservorkommen, die die Erde von allen anderen bekannten Himmelskörpern unterscheidet.

Wasser auf der Erde ist stets in Bewegung. Es unterliegt einem Kreislauf, der angetrieben durch Sonnenenergie und die daraus folgende Verdunstung von Wasser zu Kondensation und Niederschlag sowie Abfluss in Flüssen und Grundwasser führt. Im Verhältnis zum gesamten Wasser auf der Erde nimmt nur ein verschwindend kleiner Teil von 0,1 % an dem für den Menschen relevanten kurzfristigen Wasserkreislauf teil. Die überwiegende Wassermenge liegt in den großen Ozeanbecken, Eiskörpern und Grundwasseraquiferen und bewegt sich nur in Zeitskalen von mehreren tausend Jahren und mehr. Durch den kurzfristigen Wasserkreislauf wird das Wasser auf der Erde verteilt und damit auch der Natur und dem Menschen verfügbar gemacht. Abb. 2 zeigt den kurzfristigen

Wasserkreislauf der Erde mit seinen vielfältigen Transportpfaden.

Auffallend ist, dass Wasser in allen Teilbereichen der natürlichen Umwelt vorhanden ist und sich durch alle Komponen-

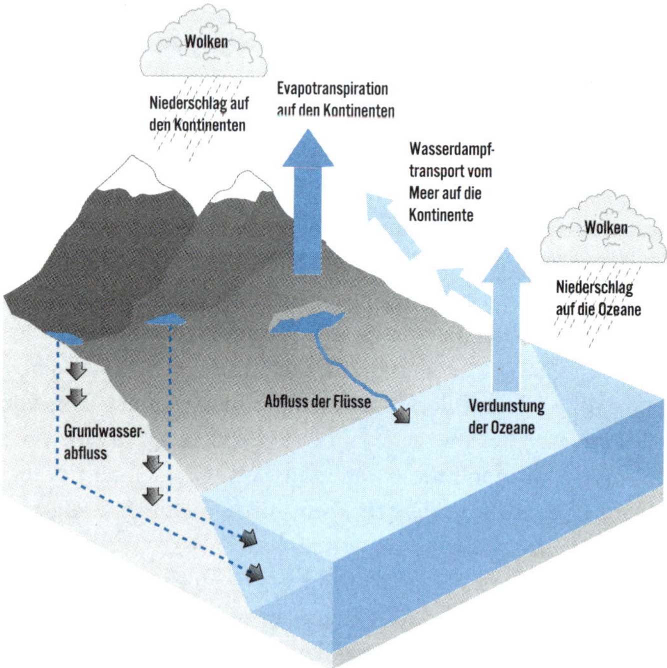

Abb. 2 Der Wasserkreislauf der Erde und seine Komponenten: 1 = Verdunstung der Ozeane (450 000 km^3/a), 2 = Niederschlag auf die Ozeane (410 000 km^3/a), 3 = Wasserdampftransport vom Meer auf die Kontinente (40 000 km^3/a), 4 = Evapotranspiration auf den Kontinenten (70 000 km^3/a), 5 = Niederschlag auf den Kontinenten (110 000 km^3/a), 6 = Abfluss der Flüsse (28 000 km^3/a), 7 = Grundwasserabfluss (12 000 km^3/a), (nach Shiklomanov, 1997).

ten des Erdsystems bewegt. Es bewegt sich in Form von Wasserdampf in der Atmosphäre, wird als Niederschlag vom Boden aufgenommen, bewegt sich durch den Boden ins Grundwasser, wird von den Wurzeln der Pflanzen aufgenommen, bewegt sich durch die Pflanzen, wird von ihnen in Form von Wasserdampf an die Atmosphäre wieder abgegeben und bewegt sich mit dem Wind durch die Atmosphäre bis es zu Wolkenbildung durch Kondensation von Wasserdampf und schließlich zu neuem Niederschlag kommt und damit der Wasserkreislauf geschlossen wird.

Auf dem beschriebenen Weg durch die Landoberfläche transportiert Wasser chemische Substanzen, die entweder den Pflanzen als Nährstoffe dienen oder die als Abfallstoffe beseitigt werden müssen. Wasser fungiert damit wie keine andere Substanz auf der Erde als Bindeglied und Mittler zwischen verschiedenen Teilen des Erdsystems.

2.1 Wasser – ein merkwürdiger Stoff

Welche Eigenschaften verleihen Wasser diese zentrale Mittlerrolle? Es wird sich im Weiteren zeigen, dass Wasser im Vergleich zu anderen in der Natur vorkommenden Stoffen eine Reihe außergewöhnlicher Eigenschaften vereint, die seine Sonderstellung auf der Erde rechtfertigen und erklären.

Von allen auf der Erde häufig vorkommenden Molekülen gehört Wasser zu den leichtesten. Es ist auch einfach aufgebaut, indem es nur aus drei Atomen besteht, einem Wasserstoffatom und zwei Sauerstoffatomen, die in einem Winkel von 104,5 Grad zueinander stehen.

Dieses an sich einfach aufgebaute Molekül verfügt über einige bemerkenswerte Eigenschaften, die alle daraus resultieren, dass ein großes Sauerstoffatom mit zwei sehr kleinen Wasserstoffatomen, den kleinsten Atomen, die es gibt, eine Verbindung eingeht. Der dominierende Partner ist dabei der Sauerstoff. Er zieht die Elektronen der Wasserstoffatome zu sich. Diese Anhäufung von Ladungen am Sauerstoffatom führt zu einer ungewöhnlich starken Polarität des Moleküls. Somit entsteht ein deutlich ausgebildeter positiver Pol und ein negativer Pol. Die Stärke der Polarität eines Moleküls drückt sich in der relativen Dielektrizitätszahl aus. Wasser besitzt von allen natürlichen Substanzen die größte Dielektrizitätszahl. Diese ist zusammen mit den sehr handlichen Ausmaßen des Wassermoleküls die Ursache dafür, dass Wasser das beste bekannte natürliche Lösungsmittel ist. Tabelle 1 gibt Aufschluss über die Sonderstellung der relativen Dielektrizitätszahl von Wasser. Sie ist demnach 40-mal größer als die vergleichbarer Stoffe in der Natur.

Substanz	Relative Dielektrizitätszahl
Wasser	81
Alkohol	5
Boden	2–3
Vakuum	1

Tab. 1 Relative Dielektrizitätszahlen von Wasser im Vergleich zu anderen Substanzen in der Natur.

Die außergewöhnliche Polarität des Wassermoleküls bewirkt, dass Wassermoleküle sich gegenseitig anziehen und Wasserstoffbrücken bilden, wie in Abb. 3 schematisch dargestellt ist.

Dies wiederum führt zu einem außergewöhnlich hohen Schmelz- und Siedepunkt von Wasser im Vergleich mit seinen direkten Verwandten im Periodensystem, den Atomen Schwefel, Selen und Tellur, die ähnliche Moleküle bilden können. In Tab. 2 ist zu sehen, dass Wasser, wenn man es mit sei-

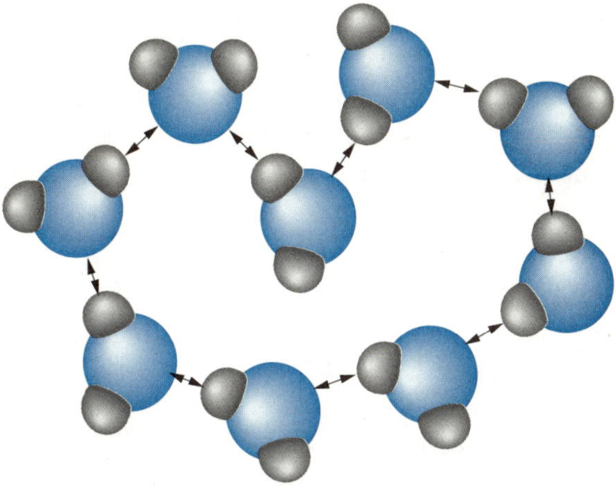

Abb. 3 Wassermoleküle binden sich aneinander, indem sie Wasserstoffbrücken bilden.

nen Verwandten vergleicht, eigentlich einen Schmelzpunkt von –93 °C und einen Siedepunkt von –72 °C haben müsste, was auf der Erde dazu führen würde, dass Wasser ausschließlich als Wasserdampf existieren würde. Stattdessen hat es aufgrund der gegenseitigen Anziehung der Wassermoleküle den bekannten Schmelzpunkt von 0 °C bei einem Siedepunkt von

Molekül	Molekülgewicht [mol]	Schmelzpunkt [°C]	Siedepunkt [°C]
H_2O	18	0	100
H_2S	34	–82	–61
H_2Se	80	–64	–42
H_2Te	129	–51	– 4

Tab. 2 Vergleich der Schmelz- und Siedepunkte von Wasser mit denen ähnlicher Moleküle in der Natur.

100 °C. Man sieht deutlich, dass es, obwohl im Vergleich zu seinen Verwandten bedeutend leichter, erst bei viel höheren Temperaturen schmilzt und siedet. Die Wasserstoffbrücken bewirken eine weitere, für das Erdsystem wichtige physikalische Eigenschaft des Wassers: seine extrem hohe Wärmekapazität, Schmelzwärme und Verdunstungswärme. Bei der Erwärmung, beim Schmelzen bzw. beim Verdampfen werden größere Mengen Energie benötigt und damit im Wassermolekül gespeichert, wie bei allen vergleichbaren bekannten natürlichen Substanzen. Diese exzellenten Eigenschaften als Wärmespeicher spielen nicht nur in der Natur eine wesentliche Rolle, sie werden auch vom Menschen bei der Kühlung von Maschinen ausgenutzt. Das Schmelzen von Eis benötigt 340 J/g, das Verdampfen von Wasser 2450 J/g. Diese Wärmemengen sind im Wasser gespeichert und können durch Kondensation bzw. Frieren wieder freigesetzt werden.

Alle diese außergewöhnlichen Eigenschaften des Wassers zusammen bekommen allerdings erst Bedeutung, wenn man die Stellung der Erde innerhalb des Planetensystems betrachtet, wie dies in Abb. 4 geschieht. Hier ist das Phasendiagramm von Wasser gezeigt, wobei einige Planeten des Sonnensystems eingetragen sind. Wenn man Temperatur und Druck gegeneinander aufträgt, so ist in jedem Punkt Wasser entweder fest, flüssig oder gasförmig. Auf keinem Planeten des Sonnensystems außer auf der Erde kommt demnach Wasser in flüssiger Form vor. Dies liegt entweder am herrschenden Atmosphärendruck oder an der Temperatur oder an beidem. Die Venusatmosphäre ist zu heiß und zu dicht für Regen, die übrigen Planeten sind zu kalt.

Warum ist Wasser in flüssiger Form ein so entscheidender Faktor für das Verständnis der Sonderrolle, die die Erde im Planetensystem einnimmt?

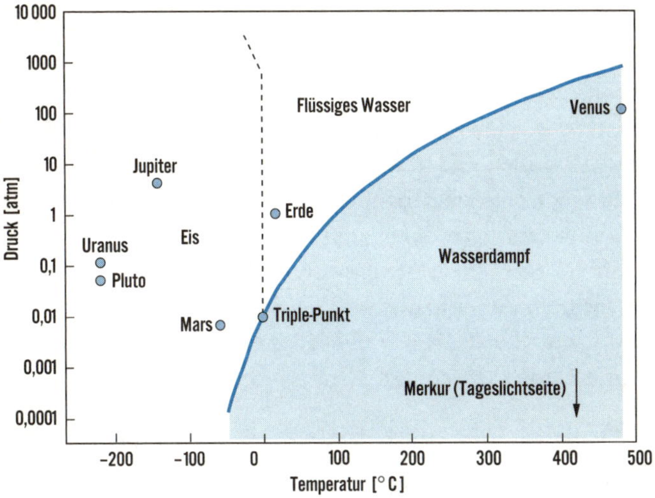

Abb. 4 Phasendiagramm von Wasser mit der Stellung der jeweiligen Planeten. Nur auf der Erde kann flüssiges Wasser demnach existieren.

Die dargelegten, komplexen Eigenschaften von Wasser zusammen mit dem gleichzeitigen Vorkommen flüssigen Wassers passen ideal zu den Ansprüchen, die eine kohlenstoffbasierte Lebenswelt stellt. Es ist deshalb nicht erstaunlich, dass alle Lebewesen vorwiegend aus flüssigem Wasser bestehen. Die dreidimensionale Struktur der biologischen Makromoleküle, die u. a. die Grundlage für die Speicherung der Erbinformation bilden, ist erst durch die Bildung der Wasserstoffbrücken, einer Eigenart der Wassermoleküle, und damit in wässrigem Milieu möglich. Die umgebenden Wassermoleküle der wässrigen Lösung sorgen dafür, dass die Makromoleküle des Lebens sowohl Halt als auch Flexibilität finden.

Das Leben auf der Erde ist aber nicht alleine wegen seiner

ungewöhnlichen Eigenschaften auf das engste mit dem Wasser verzahnt. Eine weitere, sehr eigenwillige Eigenschaft des Wassers hat dem Leben in seiner Entwicklung entscheidend geholfen. Es handelt sich dabei um die Dichteanomalie von Wasser, das seine größte Dichte bei 3,96 °C erreicht. Im Gegensatz zu allen anderen bekannten Stoffen, die sich bei Abkühlung zusammenziehen, dehnt sich Wasser unterhalb dieser Temperatur wieder aus und wird damit spezifisch leichter. Damit ist gewährleistet, dass stehende Gewässer von oben und nicht von unten zufrieren, da sich Wasser mit einer Temperatur von 3,96 °C am Seeboden ansammelt. Für das Leben in Seen ist dies ein entscheidender Vorteil.

2.2 Warum sind Leben und Wasser eine unauflösliche Einheit?

Der Wasserkreislauf ist die Grundvoraussetzung für alles Leben auf der Erde. Er ist aber auch Teil einer größeren »Maschine«, des Erdsystems. Das Erdsystem besteht aus allen miteinander wechselwirkenden Prozessen und Kreisläufen auf der Erde. Mit dem Wasserkreislauf aufs engste verbunden sind vor allem die Kreisläufe von Kohlenstoff, Stickstoff, Phosphor und Schwefel. Sie alle sind an allen Lebensprozessen, den wohl außergewöhnlichsten Eigenschaften der Erde, beteiligt.

Die Funktionsfähigkeit des Erdsystems und seiner gekoppelten Kreisläufe war Grundlage für das Entstehen von Leben und ist Voraussetzung für seine Erhaltung. Die funktionierenden Kreisläufe auf der Erde bilden damit das Lebenserhaltungssystem der Erde. Das Lebenserhaltungssystem der Erde sorgt für Klimatisierung, indem die Temperatur der Erde in für das Leben akzeptablen Grenzen gehalten wird, es stellt die Wasserversorgung über die Niederschläge sicher, es bewirkt, dass Pflanzen mit CO_2, Wasser und Nährstoffen versorgt werden, dass Tiere mit Sauerstoff, Wasser und Proteinen versorgt werden, dass geologische und biologische Prozesse Gesteine aufbereiten und damit Nährstoffe freisetzen, dass Bakterien Stoffwechselabfälle abbauen und damit das Wasser reinigen, dass laufend eine Ozonschicht aufgebaut wird, die vor zu viel ultravioletter Strahlung schützt und nicht zuletzt, dass sich die Lebewesen ständig durch Mutationen an die wandelnden Lebensbedingungen anpassen und so die notwendige Vielfalt hervorbringen. Diese sorgt dafür, dass es in der unvorstellbar langen Zeitspanne der letzten 2,7 Milliarden Jahre keinen Zeitpunkt ohne Leben auf der Erde gegeben hat. Die Funktionsfähigkeit des Lebenserhaltungssystems der Erde ist damit das höchste und wertvollste Gut, das es unter allen Umständen zu erhalten gilt. Durch welche Funktionsmechanismen ist das Lebenserhaltungssystem der Erde gekennzeichnet?

2.3 Das dritte Gleichgewicht

Das Vorkommen von Wasser auf der Erde in flüssiger Form und damit die Entstehung eines Wasserkreislaufs ist kein Zufall. Vielmehr hat die Forschung der letzten Jahre gezeigt, dass es Ausdruck eines dynamischen Gleichgewichts ist, das sich im Laufe der Evolution des Lebens auf der Erde eingestellt hat und das ursächlich erst durch die Wechselwirkung des Lebens mit den nicht-belebten Prozessen auf der Erde geschaffen wurde.

Unter der Annahme, dass kein Leben auf der Erde existiert, kann man zeigen (Gorshkov, 2000), dass für die Erde ausschließlich zwei energetisch stabile Zustände existieren, die sich allerdings auf sehr unterschiedlichen Temperaturniveaus befinden. Sie sind in Abb. 5 durch die beiden Minima 1 und 3 der Lyapunov-Kurve gekennzeichnet. Die Lyapunov-Kurve gibt Auskunft über den durchschnittlichen Energieinhalt eines Quadratmeters der Erdoberfläche in Abhängigkeit von ihrer Oberflächentemperatur. Ein Gleichgewichtszustand, der nur durch zusätzliche externe Energiezufuhr zu verändern ist, ist durch ein Minimum in der Lyapunov-Kurve gekennzeichnet. Durch kleinere äußere Veränderungen nicht aus dem Gleichgewicht zu bringen und damit in einem physikalisch stabilen Zustand ist eine leblose Erde zum einen bei fast völliger Eisbedeckung und einer Temperatur von –90 °C (Minimum 1 in Abb. 5) und zum anderen bei völligem Verdamp-

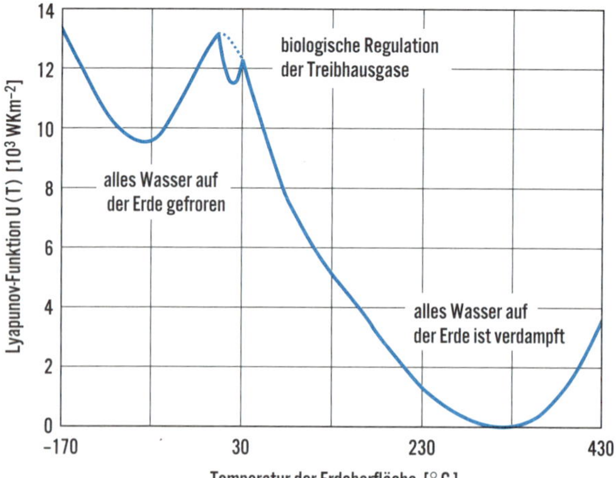

Abb. 5 Die drei Gleichgewichtszustände der Erde und ihre entsprechenden Oberflächentemperaturen (nach Gorshkov, 2000).

fen allen Wassers und einer Temperatur von +310 °C (Minimum 3 in Abb. 5).

Im ersten Fall stellt sich das Gleichgewicht so ein, dass alle Treibhausgase, allen voran CO_2 und Wasserdampf, aus der Atmosphäre ausgefroren sind und dass die weißen Eisoberflächen, die weite Teile der Erde bedecken, die auftreffende Sonnenenergie fast völlig reflektieren. Die fehlenden Treibhausgase und die fehlende absorbierte Sonnenstrahlung führen zu einer starken Abkühlung der Erde. Dieser Zustand ist insofern stabil, als dass eine leichte Erwärmung (z. B. durch eine Annäherung der Erde an die Sonne im Verlauf ihrer Bahn) zu erhöhter Temperaturstrahlung führt. Diese kann wegen der fehlenden Treibhausgase ungehindert in den Weltraum strahlen, die Erde kühlt sich damit wieder ab. Im Fall der fehlenden Treibhausgase sorgt nur die Sonne dafür, dass die Erde nicht auf die Temperatur des absoluten Nullpunktes bei –273 °C abkühlt.

Der zweite physikalische Gleichgewichtszustand der Erde ist durch die größtmögliche Wirkung der Treibhausgase Wasserdampf und CO_2 gekennzeichnet. Wasserdampf ist wie CO_2 ein starkes Treibhausgas. Der größtmögliche Treibhauseffekt kann auf der Erde dadurch erreicht werden, dass sämtliches Wasser nur in Form von Wasserdampf in der Atmosphäre vorkommt und damit als Treibhausgas wirken kann. Das aus dem Erdinneren über Vulkane freigesetzte CO_2 reichert sich in der Erdatmosphäre ebenfalls allmählich an, da es auf einer leblosen Erde keinen Abbauprozess für CO_2 gibt. Dies führt zu einer weiteren Verstärkung des Treibhauseffekts. Der starke Treibhauseffekt, hervorgerufen durch hohe Konzentrationen von Wasserdampf und CO_2 in der Atmosphäre, führt zu einem stabilen Gleichgewicht bei einer Erdoberflächentemperatur von ca. 310 °C.

Beide Zustände des Erdsystems zeichnen sich dadurch aus, dass weder ein Wasserkreislauf noch ein Kohlenstoffkreislauf existiert. Beide Zustände wurden von der Erde nicht verwirklicht! Warum?

Das Leben hat einen dritten Zustand auf einem anderen, ihm geeigneten Temperaturniveau verwirklicht, der rein physikalisch ohne seinen Einfluss auf die Kreisläufe im Erdsystem nicht zu erklären ist. Da dieser Zustand ohne Leben nicht möglich ist, liegt der Schluss nahe, dass das Leben selbst sich durch seine zusätzlichen biologischen Regelmechanismen diesen dritten stabilen Zustand der Erde bei einer Temperatur zwischen 5 °C und 25 °C geschaffen hat. Er hat sich allmählich dadurch eingestellt, dass die einsetzende Fotosynthese zu Beginn des Lebens in massivem Umfang CO_2 aus der Atmosphäre entfernt hat, um daraus Biomasse und Kalksteine zu erzeugen. Dies hat den Treibhauseffekt reduziert und die Temperaturen sinken lassen. Ein großer Teil des CO_2 aus der Uratmosphäre wurde durch die damaligen Lebewesen in ihre Schalen und Skelette eingearbeitet und beim Absterben in den Steinen der Kalkgebirge als Kalziumkarbonat ($CaCO_3$) gespeichert. Das dynamische Gleichgewicht, das sich durch diesen massiven Umbau der Atmosphäre ergeben hat, ist dadurch gekennzeichnet, dass durch die allmähliche Abkühlung der Erde auf Temperaturen unterhalb von 100 °C nun Wasser hauptsächlich in flüssiger Form vorkommt, und nicht wie in den beiden rein physikalisch bedingten Gleichgewichtszuständen nur im festen bzw. nur im gasförmigen Aggregatzustand. Für den Treibhauseffekt, der die Erde immer noch aufheizt, indem er die Abstrahlung von Wärme in den Weltraum reduziert, ist nun hauptsächlich das restliche, in der Atmosphäre verbliebene CO_2 sowie der verbliebene Wasserdampf verantwortlich.

Der auf der Erde verwirklichte dritte Gleichgewichtszustand ist an Leben gebunden und würde verschwinden, sollte das Leben von der Erde verschwinden. Eine weitere Möglichkeit, diesen vom Leben erzeugten Gleichgewichtszustand zu verlassen, ist nach Abb. 5 eine zu starke Abkühlung bzw. Aufheizung der Erde durch eine übermäßige, kurzzeitige Erhöhung bzw. Reduzierung der atmosphärischen Treibhausgase. Dies würde bedeuten, dass sie sich aus dem seit Jahrmilliarden eingehaltenen Temperaturintervall innerhalb des Tales in Abb. 5 bei etwa 15 °C herausbewegte und damit zwangsläufig und automatisch in den jeweiligen stabilen Zustand bei −90 °C bzw. +310 °C überginge.

Der in Abb. 5 gezeigte dritte Gleichgewichtszustand ist somit auf eine sorgfältige Balance der Treibhausgase auf der Erde angewiesen. Eine zentrale Rolle in der Balance dieses dynamischen Gleichgewichts spielt die natürliche Regulierung der Treibhausgase, allen voran von CO_2 und Wasserdampf. Sie geschieht durch das enge Wechselspiel des Kohlenstoffkreislaufs und des Wasserkreislaufs über die Vegetation. Die Vegetation ist in beiden Kreisläufen an mehreren Stellen wichtig:

- Vegetation reguliert den CO_2-Gehalt der Atmosphäre durch die Aufnahme von Kohlenstoff sowie, beim Absterben von Pflanzen, den Transfer von Kohlenstoff in langfristigere Pools, wie den tiefen Ozean oder die Böden.
- Vegetation beeinflusst den Wasserdampfgehalt der Atmosphäre durch verstärkte Verdunstung der Vegetation. Vegetationslose Oberflächen reduzieren die Verdunstung drastisch, nachdem die oberste Bodenschicht (ca. 5 cm) nach einem Niederschlag wieder ausgetrocknet ist. Landpflanzen hingegen bilden Wurzeln und schaffen damit ein effizientes

Transportsystem, das die gesamte durchwurzelte Bodenzone (ca. 0,3 bis 2 m) entleert und das Wasser in Form von Wasserdampf in die Atmosphäre transferiert. Der erhöhte Wasserdampfgehalt führt wiederum zu verstärkten Niederschlägen und damit zu mehr Vegetation.

- Vegetation reguliert den O_2-Gehalt der Atmosphäre durch die Produktion von Sauerstoff, was wiederum Voraussetzung für alle Destruenten, wie Bodenbakterien und Pilze, ist. Diese veratmen die Vegetationsrückstände in CO_2 und geben damit den durch die Vegetation gebundenen Kohlenstoff wieder an die Atmosphäre zurück. So wird der Kohlenstoffkreislauf geschlossen.

Hatten Kohlenstoff- und Wasserkreislauf zu Beginn der Entwicklung der Erde nur schwache Berührungspunkte, so sind beide inzwischen, wie man sieht, über die Vegetation eng miteinander verzahnt.

Der dritte Gleichgewichtszustand wird somit durch das Lebenserhaltungssystem der Erde aufrechterhalten. Das Lebenserhaltungssystem der Erde hat in diesem Zusammenhang u. a. die folgenden Funktionen zu erbringen:

- Kohlendioxid zwischen der Atmosphäre und längerfristigen Pools wie den Ozeanen und den Böden auszutauschen und damit über die Regulierung des Treibhauseffekts den Wärmehaushalt der Erde zu steuern und die Erdtemperatur auf einem lebensfreundlichen Niveau zu halten.
- Durch Verdunstung und damit Destillation sauberes Wasser für den Niederschlag auf dem Festland zur Verfügung zu stellen. Hierfür sind vor allem die Ozeane zuständig, die große Wassermengen verdunsten, die über die globalen Windsysteme auf die Festländer transportiert werden.

- Gesteine zu Böden aufzubereiten und damit die für die Vegetation nötigen Nährstoffe zur Verfügung zu stellen.
- Tieren und Menschen Nahrungsmittel zur Verfügung zu stellen, was durch das Wachstum von Pflanzen geschieht.
- Die im Laufe des Lebenszyklus von Pflanzen und Tieren anfallenden Abfälle abzubauen bzw. in neue Nährstoffe umzubauen.

Den fünf genannten Funktionen des Lebenserhaltungssystems ist gemeinsam, dass sie auf flüssiges Wasser angewiesen sind und somit durch einen Mangel an Wasser in ihrer Leistungsfähigkeit beeinträchtigt werden.

Der dritte Gleichgewichtszustand war im Laufe seiner drei Milliarden Jahre andauernden Geschichte beeindruckend stabil. Seine Stabilität drückt sich darin aus, dass die Umweltbedingungen in dieser Zeit trotz zum Teil massiver äußerer Einflüsse, wie Meteoriteneinschläge, die für das Aussterben ganzer Tiergattungen verantwortlich waren, und Erdbahnveränderungen, die Eiszeiten ausgelöst haben, in lebensfreundlichen Grenzen gehalten wurden. Tatsächlich ist nicht bekannt, dass es während dieses langen Zeitraums jemals eine Periode gegeben hat, während der auf der Erde kein Leben existiert hat.

Das Leben hat sich somit auf der Erde einen neuen, von ihm selbst durch Fotosynthese kontrollierten, stabilen Gleichgewichtszustand geschaffen, der seit ca. 2,7 Milliarden Jahren die Bedingungen auf der Erde im lebensfreundlichen Bereich hält. Das Vorhandensein von Wasser in flüssiger Form ist dabei Grundvoraussetzung sowohl für das Leben als auch für die Funktion und Leistungsfähigkeit des Lebenserhaltungssystems der Erde. Bemerkenswerterweise hat es in dieser extrem langen Zeitspanne keine Situation gegeben, in der sich die

Erde von dem in Abb. 5 gezeigten kleinen Minimum der Lyapunov-Funktion bei etwas mehr als 0 °C so weit entfernt hat, dass sie sich über die Flanken des Trichters bewegte und eines der beiden anderen Minima annehmen musste. Dies wäre einer Zerstörung des Lebens auf der Erde gleichgekommen. Aus Abb. 5 wird damit klar, dass der Zustand, in den sich die Erde im Laufe ihres Bestehens der letzten 2,7 Milliarden Jahre entwickelt hat, einem außergewöhnlichen Zusammenspiel physikalischer und biologischer Faktoren zu verdanken ist, keine Selbstverständlichkeit darstellt und auch keinen unendlich dauernden Bestand haben muss. Die Frage, welche Schocks dieses System vertragen kann, ohne aus dem stabilen Gleichgewichtszustand zu geraten und damit unweigerlich in einen der lebensfeindlichen Zustände zu gleiten, ist nicht geklärt.

2.4 Der Mensch im Erdsystem

Erst seit etwa zwei Millionen Jahren ist das Lebenserhaltungssystem der Erde auch das Lebenserhaltungssystem des Menschen. Der Mensch ist zur Sicherstellung seines Überlebens auf die ununterbrochene Verfügbarkeit von Gütern und Dienstleistungen des Erdsystems angewiesen. Die bereitgestellten Güter und Dienstleistungen werden als Naturressourcen bezeichnet, wobei heute die Annahme noch weitgehend überwiegt, dass diese Ressourcen im Gegensatz zu wirtschaftlichen, menschlichen oder wissenschaftlichen Ressourcen kostenlos und unbegrenzt verfügbar sind.

Bei den Naturressourcen, die das Erdsystem zur Verfügung stellt, handelt es sich um eine breite Palette scheinbarer Selbstverständlichkeiten (Daily, 1997). Sie beinhaltet:

- *Physikalische Dienstleistungen,* wie Absorption von UV-Strahlung zum Schutz des Lebens, Niederschlag, Infiltration von Regenwasser im Boden, Phosphorabsorption im Boden, Erosion, Sedimentation und Saatausbreitung durch Wind.
- *Chemische Dienstleistungen,* wie Produktion von Sauerstoff und CO_2-Aufnahme bei der Fotosynthese, fotochemische Reinigung der Atmosphäre, chemische Umwandlung von Gesteinen, Denitrifizierung.
- *Biologische Dienstleistungen,* wie Fotosynthese und Aufbau von Proteinen, Fetten und essenziellen Vitaminen, Bestäubung von Pflanzen, Saatausbreitung durch Vögel, biologische Schädlingskontrolle, Abbau von Biomasse, biogene Umwandlung von Gesteinen, Stabilisierung der Biosphäre durch Biodiversität.

Ein kleines Gedankenexperiment, in dem angenommen wird, dass zukünftig der Schutz der Biosphäre vor UV-Strahlung, der heute kostenlos durch die Ozon-Schicht zur Verfügung gestellt wird, durch die technische Infrastruktur der Zivilisation geleistet werden muss, gibt eine Ahnung von dem Ausmaß, in dem wir in unserem gesellschaftlichen Wohlstand von den Gütern und Dienstleistungen abhängen, die die Natur zur Verfügung stellt. Ein Ausfall der Ozon-Schicht bedeutet, dass sämtliche Vegetation, damit sie weiter existieren kann, mit einem künstlichen UV-Filter, z. B. durch eine Folie oder durch eine künstliche Schicht geschützt werden müsste. Die Auswirkungen der aufwendigen technischen Maßnahmen, die dann zu ergreifen wären, auf die Erzeugerpreise für Lebensmittel sind nur zu erahnen. Sie bewegen sich alleine für die Ernährung der europäischen Bevölkerung bei einer Ackerfläche von ca. 60 Millionen Hektar im Bereich etlicher

Milliarden Euro pro Jahr. Diese Summe beinhaltet noch nicht die Kosten für die Erhaltung der natürlichen Vegetation wie Wälder und Feuchtgebiete, die ja schon alleine deshalb unerlässlich sind, um Sauerstoff zu erzeugen und CO_2 aus der Atmosphäre zu entfernen.

Ähnliche Gedankenexperimente lassen sich für die Kosten anstellen, die entstünden, wenn die natürliche Bestäubung der Blüten durch die Bienen vom Menschen übernommen werden müsste oder wenn anstelle der natürlichen Reinigung der Gewässer Kläranlagen die komplette Reinigung des Wassers übernehmen würden. Diese drastischen Beispiele zeigen, dass jede Beeinträchtigung der Funktionsfähigkeit des Lebenserhaltungssystems zu einem Verlust an Gütern und Dienstleistungen führt, die im besten Fall durch teure technologische Ersatzlösungen behoben werden können. Damit wird auch klar, dass jede Beeinträchtigung der Funktionsfähigkeit des Lebenserhaltungssystems zumindest prinzipiell Kosten verursacht, die in der konventionellen Buchhaltung nicht auftauchen.

Seit Beginn der kulturellen Entwicklung zielt menschliches Handeln auf die Nutzung von Naturressourcen zur Verbesserung seiner Lebensumstände. Solange der Mensch nur seinen primären Kalorienbedarf aus den Ressourcen seiner natürlichen Umwelt deckt, unterscheidet er sich in seiner Inanspruchnahme des Lebenserhaltungssystems nicht von anderen großen Säugern. Aus der Tatsache, dass die großen Säuger seit Millionen Jahren existieren und dabei das Erdsystem nicht beeinträchtigt haben, kann man schließen, dass ihr Verhalten nachhaltig angelegt ist und die Ressourcenbasis, von der sie leben, durch Gebrauch nicht zerstört.

Hatte sich die Nutzung der Naturressourcen durch den Menschen zunächst auf Jagen und Sammeln und die Fertigung einfacher Werkzeuge beschränkt, so hat sich mit fortschreitender technologischer Entwicklung die Nutzung natürlicher Ressourcen auf die Landwirtschaft, das Wasser, fossile wie erneuerbare Energiequellen, Rohstoffe und schließlich genetische Informationen ausgeweitet. Erst diese Fähigkeit zu technologischer Entwicklung und die damit einhergehende Möglichkeit zu Entscheidungen führen zu einer gezielten Veränderung der Umwelt, die über das Maß tierischer Eingriffe hinausgeht und damit den Einfluss des Menschen auf das Erdsystem in seiner Ausprägung einmalig macht. Dabei wurde die Technologieentwicklung, die zur Ausweitung der Inanspruchnahme von Naturressourcen geführt hat, zunächst von der Annahme geleitet, dass die Verfügbarkeit an Naturressourcen auf der Erde groß ist und den menschlichen Bedarf so weit übersteigt, dass negative Konsequenzen für die Erde als Ganzes nicht zu befürchten waren. Diese naive Vorstellung einer unbegrenzten Leistungsfähigkeit des Lebenserhaltungssystems der Erde hat sich inzwischen durch den Anstieg der Bevölkerung und vor allem durch die Veränderung der Lebensstile, die mit einer starken Vergrößerung des Pro-Kopf-Verbrauchs von Naturressourcen einherging, stark relativiert.

Die Geschichte der Entwicklung menschlicher Kultur ist verbunden mit einer stetigen Intensivierung in der Nutzung der Naturressourcen.

Besonders deutlich ist dies bei dem Energieverbrauch, der erbracht werden muss, um eine bestimmte kulturelle Lebensweise aufrechtzuerhalten. Dies ist in Abb. 6 für die Entwicklung menschlicher Gesellschaften von den frühen Hominiden, über die Jäger und Sammler, die primitiven und fortschrittlichen Landwirte bis zur industriellen und post-industriellen Gesellschaft von heute dargestellt. Der tägliche Energiever-

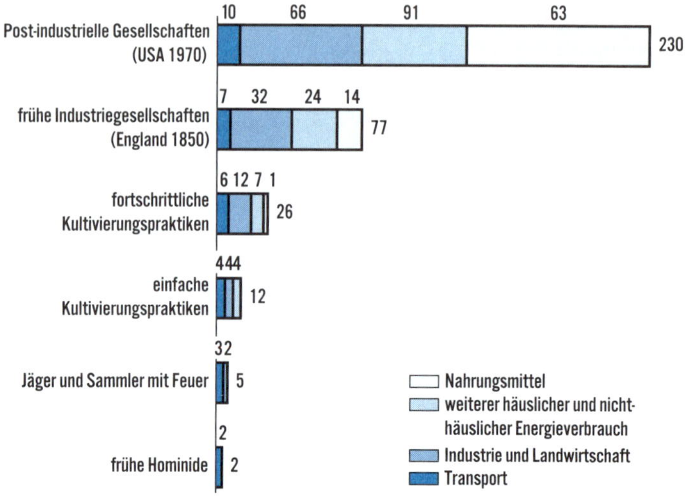

Abb. 6 Gesamter und anteiliger Energieverbrauch in 1000 Kilokalorien pro Person und Tag für unterschiedliche Gesellschaften (nach Ellen, 1987).

brauch eines Menschen hat sich im Laufe der 15 000 jährigen Entwicklung mehr als verhundertfacht. Dabei sind zu der Energie, die zur reinen Lebenserhaltung benötigt wird, durch die Sesshaftigkeit, die Landwirtschaft und den Transport neue Arten des Energieverbrauchs hinzugekommen. Sogar der Energieverbrauch, der heute aufgewendet werden muss, um die Nahrungsmittel zur Verfügung zu stellen, hat sich durch den hohen Energieeinsatz in der Landwirtschaft gegenüber unseren Ahnen um den Faktor 5 vergrößert.

Der Anstieg des Energieverbrauchs ist leicht nachzuvollziehen. Alle kulturellen Errungenschaften der letzten Jahrtausende sind, bis in allerletzte Zeit, ausschließlich unter Einsatz fossiler Energieträger entstanden. Die eingesetzte Energie in Form von Kohle, Öl oder Gas verschwindet allerdings durch ihre Nutzung. Sie genügt keinem Kreislauf.

Wie steht es aber mit anderen Naturressourcen, deren Nutzung sich im Laufe der kulturellen Entwicklung in ähnlicher Weise intensiviert hat? Wasser, könnte man nämlich im Vergleich dazu sagen, wird ja nicht verbraucht, da es durch die Nutzung nicht verschwindet. Es wird vielmehr in einem funktionierenden Wasserkreislauf ständig erneuert. In diesem Sinn stünde zu vermuten, dass die Naturressource Wasser im Extremfall beliebig verfügbar ist oder wenigstens in ihrer Verfügbarkeit prinzipiell anderen Begrenzungen unterliegt wie fossile Energieträger. Im Gegensatz zum Verbrauch nicht erneuerbarer Naturressourcen, wie fossiler Energieträger, ergibt sich die Verfügbarkeit von Wasser aus der Funktionstüchtigkeit des Wasserkreislaufs im Erdsystem. Wird die Funktionstüchtigkeit des Wasserkreislaufs eingeschränkt, reduziert sich die Verfügbarkeit des Wassers. Wasser ist nicht die einzige Naturressource, die im natürlichen Erdsystem einem Kreislauf folgt. Zu ihnen gehört der Sauerstoff, das CO_2, die Nährstoffe, allen voran der Stickstoff. Sie alle sind in ihrer Verfügbarkeit vom Funktionieren des Erdsystems, das aus einem komplexen Zusammenspiel physikalischer und biologischer Prozesse besteht, abhängig. Belastung der Kreisläufe, im Wesentlichen durch Entnahme, Verschmutzung oder Umleitung der beteiligten Stoffe, beeinflusst die Leistungsfähigkeit der beteiligten Prozesse und hat damit Folgen für die Leistungsfähigkeit und Stabilität des Lebenserhaltungssystems der Erde.

Im Laufe der immer intensiveren Nutzung der Naturressourcen, wie sie in Abb. 6 für die Energie dargestellt ist, wurde weitgehend ignoriert, dass die Erhaltung des dritten, biologisch geprägten Gleichgewichts und damit der Funktionsfähigkeit des Lebenserhaltungssystems nicht umsonst zu haben ist. Die menschlichen »Ansprüche« an Naturressourcen stehen nämlich in Konkurrenz zu den »Ansprüchen« des Lebenserhaltungssystems der Erde, die erfüllt sein müssen, um das dynamische Gleichgewicht im Erdsystem aufrechtzuerhalten. Indem der Mensch einen immer größeren Anteil der betroffenen Naturressourcen, in unserem Fall speziell Wasser, nutzt, entzieht er sie den Spielregeln des natürlichen Lebenserhaltungssystems und unterwirft sie seinen Spielregeln und Entscheidungen. Es ist zu klären, ob er damit nicht an dem Ast sägt, auf dem er selber sitzt.

Wo stehen wir auf dem Weg zu einer massiven Beeinflussung der Funktionsfähigkeit des Lebenserhaltungssystems der Erde? Die Veränderung des Klimas und die daraus resultierenden Folgen wie vermehrte extreme Wetterereignisse, die Degradation von Böden sowie die Reduzierung der Biodiversität und nicht zuletzt die Verknappung der Wasserressourcen sind Anzeichen dafür, dass die Summe der menschlichen Eingriffe inzwischen die Leistungsfähigkeit und Stabilität des Lebenserhaltungssystems der Erde negativ beeinflusst.

Wo liegen nun die Leistungsgrenzen des Lebenserhaltungssystems bei der Bereitstellung von Wasser zur Befriedigung menschlicher Bedürfnisse und wie weit sind wir von ernsthaften, womöglich irreversiblen Schäden im Erdsystem entfernt? Diese Frage stellt die Kernfrage des vorliegenden Buches dar. Sie unterscheidet sich von der rein mengenorientierten Frage danach, ob das Wasser demnächst aufhören wird, aus dem Wasserhahn zu fließen. Wird bei dieser einfachen Bilanz das gesamte Wasser als für die Befriedigung menschlicher Bedürfnisse verfügbar angesehen, so ist hingegen bei der Untersuchung der Leistungsgrenzen des Lebenserhaltungssystems nur dasjenige Wasser zu berücksichtigen, das nicht zur längerfristigen Sicherstellung der Funktionsfähigkeit des Lebenserhaltungssystems der Erde selbst benötigt wird und das damit für die nachhaltige Nutzung durch den Menschen verfügbar ist.

2.5 Welchen Rahmen für die Nutzung des Wassers steckt die Natur ab?

Bei der klassischen Betrachtung der Verfügbarkeit und Nutzbarkeit der Wasserressourcen geht man von der Wasserbilanz aus. Sie besteht auf der einen Seite aus den Wasser-»Einnahmen« durch Niederschlag. Die Einnahmeseite gestaltet sich als weltweit äußerst variabel. Abb. 7 zeigt die weltweite Verteilung der Niederschläge in mm / a sowie die weltweite Verteilung der Bevölkerung (unten).

In Abb. 7 fällt oben das große regionale Ungleichgewicht der Niederschlags-Einnahmen auf. Es ist bedingt durch das globale Windsystem, das den Wasserdampf in der Atmosphäre transportiert und durch regionale Faktoren, wie Gebirge und Heizflächen, die den Wasserdampf in der Atmosphäre regional in Niederschlag umwandeln. Auffällig sind der äquatoriale Niederschlagsgürtel, die niederschlagsarmen Regionen um die Wendekreise in Nord- und Südafrika sowie in Australien, die niederschlagsreichen Gebiete in den mittleren Breiten sowie eine generelle Tendenz zu nachlassendem Niederschlag mit anwachsendem Abstand von den Meeren. Besonders niederschlagsreiche Gebiete sind zu sehen am Westrand der Anden und der nördlichen Rocky Mountains sowie am Südrand des Himalajas. Diese regionale Verteilung

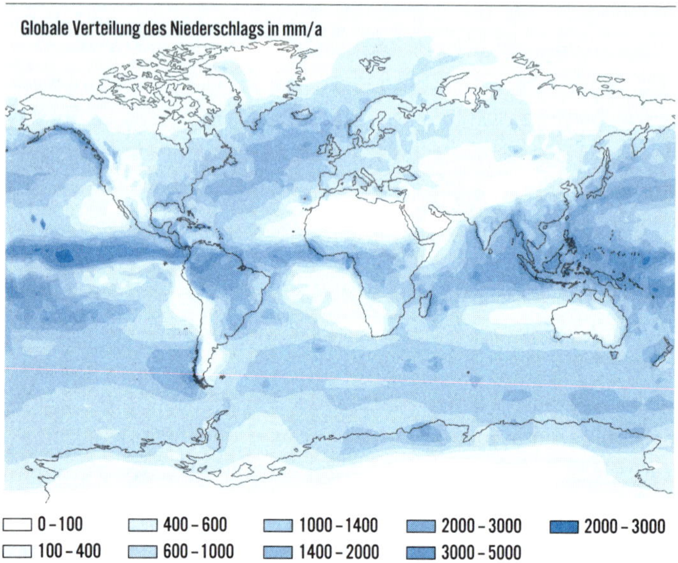
Globale Verteilung des Niederschlags in mm/a
0 - 100
100 - 400
400 - 600
600 - 1000
1000 - 1400
1400 - 2000
2000 - 3000
3000 - 5000
2000 - 3000

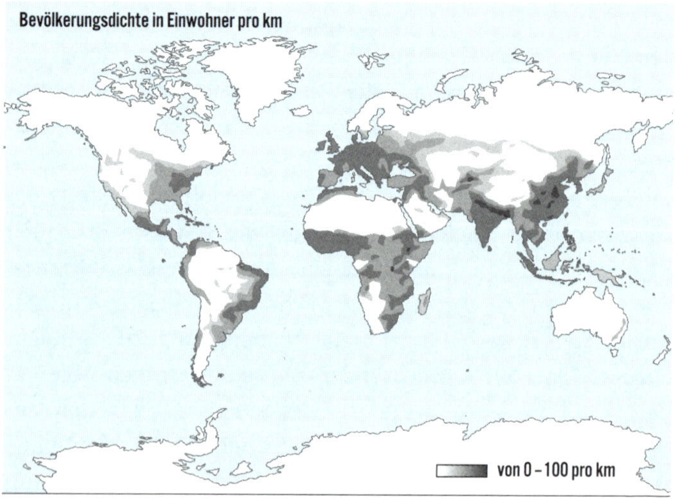
Bevölkerungsdichte in Einwohner pro km
von 0 - 100 pro km

der mittleren Niederschläge stellt sich bei der gegebenen Verteilung der Kontinente und Meere, der gegebenen Rotation der Erde sowie der ebenfalls gegebenen Sonneneinstrahlung zwangsläufig ein. Mit der Tatsache, dass die verschiedenen Regionen der Erde dabei sehr unterschiedlich berücksichtigt werden, müssen sowohl Natur als auch Mensch leben.

Abb. 7 unten zeigt, dass die Verfügbarkeit von Niederschlag sich offensichtlich direkt auf die Verteilung der menschlichen Siedlungsräume auswirkt. Hohe Bevölkerungsdichten sind nur dort verwirklicht, wo genügend Niederschlag zur Verfügung steht. Dies ist deutlich zu sehen in China, Indien, Westafrika und Europa. Auch die allmähliche Abnahme der Bevölkerungsdichte in den USA von Ost nach West korrespondiert gut mit den abnehmenden Niederschlägen. Es gibt allerdings auf der anderen Seite auch große Flächen auf der Erde, wo der Niederschlag hoch bis sehr hoch ist, die aber von Menschen kaum besiedelt werden. Zu ihnen gehört vor allem das Kongo- und Amazonasbecken. Die Verfügbarkeit von Niederschlag ist offensichtlich als einziger Faktor nicht ausreichend, um die Verteilung der Bevölkerungsdichte auf der Erde zu erklären. Weitere Überlegungen müssen folgen. Lassen wir uns dabei vom Weg des Wassers durch das Erdsystem leiten und folgen wir den Pfaden des Niederschlages, der auf die Landoberfläche fällt, auf seinem Weg zurück zum Ozean. Entlang dieser Pfade übernimmt nämlich das Wasser vielfältige Funktionen und wird auf unterschiedlichste Weise genutzt.

Abb. 7 Globale Verteilung des Niederschlags in mm/a (oben) und der Bevölkerungsdichte in Einwohner pro km^2 (unten), (UNEP/GRID, 2006).

2.6 Wassernutzung durch Natur und Gesellschaft

Betrachten wir nun den weiteren Weg, den der Niederschlag auf der Landoberfläche nimmt. Auf seinem Weg auf der Erdoberfläche ist er in drei große Prozessstränge eingebunden:

- Physikalische Prozesse. Zu ihnen gehören Verdunstung und Kondensation. Die Energie, die benötigt wird bei der Verdunstung von Wasser auf der Erdoberfläche wird im Wasserdampf der Luft gespeichert und kann über große Strecken transportiert werden, um durch Kondensation an anderer Stelle auf der Erde wieder freigesetzt zu werden. Zwei Drittel des gesamten Energietransports auf der Landoberfläche geschehen über diesen Mechanismus der Verdunstung und Kondensation. Er ist unter anderem dafür verantwortlich, dass im Inneren der großen Landmassen auf der Erde erträglich warme Temperaturen herrschen.
- Chemische Prozesse. Zu ihnen gehören Kristallisation, Lösung und chemische Reaktionen. Wasser ist ein extrem gutes Lösungsmittel. Es trägt durch Lösung, in geologisch langen Zeiträumen von Millionen von Jahren, Gebirge ab, bildet Böden aus Rohgestein und setzt Mineralien frei, die mit dem Strom des Wassers durch den Boden und schließlich in die Pflanzen transportiert werden. Die Mineralien dienen der Vegetation als natürliche Düngemittel und bilden eine Voraussetzung für die Entwicklung von Pflanzen.
- Biologische Prozesse. Im Fotosyntheseprozess geschieht der Umbau von CO_2 und Wasser in Zucker und Sauerstoff. Beide sind Ausgangsprodukte für alle weiteren, komplexen Moleküle des Lebens. Alle Aufbauprodukte der Fotosynthese bilden schlussendlich Nahrungsmittel für Bakterien, Tierwelt und den Menschen. Durch die Verbrennung der

Nahrung wird Wasser und CO_2 wieder freigesetzt. Wasser ist damit auch hier ein, zugegebenermaßen sehr indirektes, Transportmedium für Nahrung in Form von Proteinen, Kohlehydraten und Fetten.

Es fällt auf, dass Wasser vor allem als Mittlersubstanz im Erdsystem genutzt wird. Die Ökosysteme der Landoberfläche sind weitestgehend für die biologischen Prozesse des Auf- und Abbaus von Vegetation und damit für die Nahrungsmittelproduktion zuständig. Sie beliefern somit die Gesellschaft mit Waren und führen Dienstleistungen aus. Dazu benötigen sie u. a. gelöste Substanzen als Düngemittel, die über chemische Prozesse aus den Wasserflüssen in den aquatischen Ökosystemen, im Boden und im Grundwasser bereitgestellt werden. Auch die aquatischen Ökosysteme liefern Waren, wie Fisch oder Elektrizität über Wasserkraft. Sie vollbringen aber auch Dienstleistungen, zum Beispiel durch den Abbau von gelösten Schadstoffen und damit in Form von natürlicher Klärung des Wassers. Sowohl die terrestrischen als auch die aquatischen Ökosysteme der Landoberfläche tauschen über Verdunstung und Kondensation Energie und Niederschlagswasser untereinander aus.

Für den Menschen steht die Gesellschaft und ihr Wohlergehen natürlich im Mittelpunkt des Interesses, schließlich beschäftigen wir uns in diesem Buch mit den Grenzen, die einer möglichen Nutzung der Wasserressourcen durch den Menschen gesteckt sind. Die Gesellschaft entnimmt Wasser aus dem Wasserkreislauf, um es für unterschiedlichste Zwecke zu nutzen. Nur zu einem verschwindend kleinen Teil wird das Wasser dabei verbraucht in dem Sinn, dass es in eine andere Substanz umgewandelt wird. Vielmehr wird in der Regel sein Weg durchs Erdsystem, seine Reinheit und Beschaffenheit, sein Aggregatzustand oder seine Temperatur verändert. Wassernutzung heißt also Wasserveränderung. Der aus der Veränderung gezogene Nutzen kann dabei vielfältig sein. Er reicht vom einfachen Trinken über den Einsatz von Wasser in der industriellen Produktion zum Beispiel bei der Herstellung von Bier, zum Kühlen von Industrieprozessen und thermischen Elektrizitätswerken, zur Gewinnung von Elektrizität aus Wasserkraft bis zum Transport von wasserlöslichem Abfall oder zur Erzeugung künstlichen Schnees für den Wintertourismus.

2.7 Blaues und grünes Wasser

Der Nutzen, den die Gesellschaft aus Wasser zieht, liegt also sowohl in der direkten Nutzung des Wassers in Gewässern, Flüssen, Seen und dem Grundwasser zum Trinken, Waschen, für Industrie, Transport von Abfall und Freizeit als auch in der indirekten Nutzung von Wasser in Form von Waren und Dienstleistungen, die das Lebenserhaltungssystem der Erde im Zusammenhang mit seiner eigenen Verwendung des Wassers bereitstellt.

Der sichtbare, flüssige Wasserstrom, der sich durch Gewässer, Flüsse, Seen und das Grundwasser bewegt, wird als blaues Wasser bezeichnet (FAO, 1995, 1997). Wenn also Niederschlag auf den Erdboden trifft, kann der blaue Wasserstrom aus Oberflächenabfluss in Rinnen, auf Wegen, in Bächen und Flüssen bestehen. Er kann aber auch aus unterirdischem Abfluss bestehen, der durch Versickerung Grundwasserreserven wieder auffüllt.

Demgegenüber bezeichnet man den unsichtbaren Fluss von Wasserdampf von der Erdoberfläche in die Atmosphäre durch

Verdunstung als grünes Wasser. Produktives grünes Wasser bezeichnet die Verdunstung durch die Vegetation, da dieser Wasserfluss zur Produktion von Biomasse führt. An dieser Stelle tritt eine direkte Wechselwirkung des Wasserkreislaufs mit dem Kohlenstoffkreislauf auf. Der produktive grüne Wasserfluss wird auch als Transpiration bezeichnet.

Abb. 8 veranschaulicht den Weg des Wassers durch die Vegetation am Beispiel eines Baumes. Hierbei sind drei unterschiedliche Bereiche beteiligt: die Blätter, der Stamm und die Wurzeln. Wasser wird vorwiegend in den Blättern verdunstet, indem Energie durch Sonnenlicht zugeführt wird und ein Konzentrationsgefälle von Wasserdampf zwischen dem Blattinneren und der Atmosphäre besteht. Durch kleine Spaltöffnungen im Blatt, Stomata genannt, kann der Wasserdampf dem Konzentrationsgefälle folgen, in die freie Atmosphäre übertreten und damit verdunsten. Durch Kapillarwirkung wird damit aber weiteres Wasser aus den Ästen nachgesaugt. Damit ergibt sich ein kontinuierlicher Wasserstrom durch den Stamm, der durch Haarwurzeln im Boden gespeist wird, die wiederum das Wasser aus dem Boden aufnehmen.

Pflanzen nutzen Wasser strategisch, um sich mit gelösten Nährstoffen aus dem Boden zu versorgen, sich zu kühlen und vor allem, um durch Fotosynthese zu wachsen. In den Blättern sorgen nämlich die Stomata für die physiologisch optimale Steuerung des produktiven grünen Wasserflusses und damit des Wasserverbrauchs der Pflanze. Die Stomata öffnen sich dabei je nach Lichtangebot, Temperatur, Bodenfeuchte genau so weit, dass das Überleben gesichert und eine für den jeweiligen Standort der Pflanze optimale Produktion erreicht wird.

Pflanzen besitzen ein Wurzelsystem, das sich je nach Wasserverfügbarkeit und -bedarf tiefer oder flacher ausbildet und

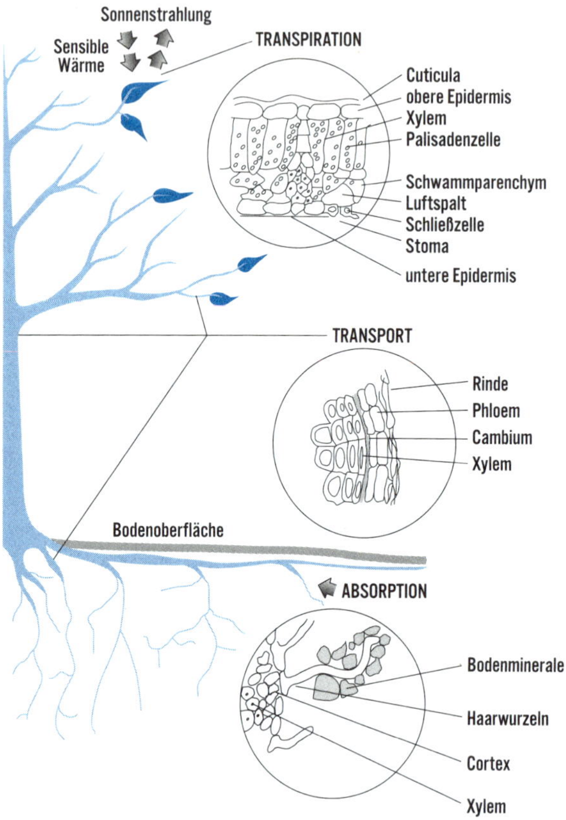

Abb. 8 Der Weg des Wassers durch die Vegetation am Beispiel eines Baumes.

ein Blattsystem, das die zur Verdunstung und Fotosynthese nötige Energie sammelt. Wurzeln und Blätter bilden zusammen eine wirksame Brücke, die das Wasser in den tieferen Bodenschichten mit der Atmosphäre verbindet.

Der produktive Fluss grünen Wassers unterscheidet sich, da Pflanzen ihn strategisch steuern, um ihr Überleben zu sichern, radikal von der rein physikalischen, ungesteuerten Evaporation der unbelebten Natur, also die Verdunstung von Wasserpfützen nach einem Regen, vom Boden, von nassen Vegetationsoberflächen oder nassen Hausdächern, von Seen und Flüssen.

Dieser grüne Wasserfluss wird deshalb auch als unproduktiv bezeichnet. Er zeichnet sich dadurch aus, dass er im Wesentlichen nur von nassen Oberflächen oder in der allerobersten Bodenzone stattfinden kann. Er verfügt nämlich über kein Wurzel- und Transportsystem, das Wasser aus einem großen Bodenvolumen sammelt und zu Blättern transportiert, die ständig in der Sonne liegen. Vielmehr ist er auf die Erwärmung der obersten Bodenschicht angewiesen und kann nur das Wasser dieser Schicht verdunsten. Die Vegetation hat sich über die Ausbildung eines Wurzel- und Blattsystems im Laufe der Evolution gegenüber der unbelebten Landoberfläche einen entscheidenden Vorteil verschafft. Er besteht in der Erschließung der Wasservorräte der tieferen Bodenschichten. Das Wurzel-, Transport- und Verdunstungssystem ist inzwischen so weit optimiert, dass es den produktiven grünen Wasserstrom gegenüber derselben Fläche ohne Vegetation verdreifacht hat (Gorshkov, 2000). Dies spielt im Erdsystem eine wichtige Rolle. Mit dem Leben hat sich bei gleich bleibendem Niederschlag durch das Aufkommen von Vegetation die Verdunstung der Landoberfläche verdreifacht und der Abfluss in den Flüssen und dem Grundwasser wurde damit entsprechend reduziert. Die Vegetation hat somit den Wasserkreislauf auf der Erde massiv verändert.

Der Strom grünen Wassers beinhaltet den Wasserverbrauch von Wäldern, Wiesen und Regenfeldbau. Mit Regenfeldbau ist Landwirtschaft gemeint, die ihren grünen Wasserverbrauch direkt aus dem Niederschlag deckt. Der blaue Wasserfluss hingegen bezeichnet die Wasserbewegung in den aquatischen Ökosystemen der Bäche, Flüsse, Seen und des Grundwassers. Sie stellen dem Menschen Wasser zur direkten Nutzung zur Verfügung. Nach seiner Nutzung geht das blaue Wasser in Form von Abwasser in die aquatischen Ökosysteme zurück, nachdem es in der Regel durch die Nutzung verschmutzt wurde. Blaues Wasser wird auch für die Bewässerung entnommen. Ein Teil des blauen Wasserstroms wird dabei in einen grünen Wasserstrom umgewandelt, wenn es von Vegetation verdunstet wird. Der Rest, der nicht verdunstet wurde, fließt zurück und ist in der Regel mit Düngemitteln und ausgewaschenen Bodenpartikeln beladen, die in den Seen und Flüssen zur Eutrophierung führen.

Der Strom blauen wie auch der Strom grünen Wassers erfüllen beide wichtige Funktionen im Lebenserhaltungssystem der Erde und stellen Güter und Dienstleistungen zur Verfügung, die für unser Überleben und die Entwicklung unserer Gesellschaften wichtig sind. Sie sind sowohl entscheidend an der Nahrungsmittelproduktion als auch am Abtransport und Abbau der Abfallprodukte beteiligt. Insofern unterscheiden sie sich in ihrer Bedeutung nur geringfügig. Warum ist es bei der weiteren Betrachtung des Wassers auf seinem Weg im Kreislauf trotzdem sinnvoll, zwischen blauem und grünem Wasser zu unterscheiden?

Es gibt einen speziell für die Nutzung der Ressource Wasser im Weiteren entscheidenden Unterschied zwischen blauem und grünem Wasser. Dieser wird deutlich, wenn man Abb. 9 betrachtet. Der Unterschied ist sehr ursächlich mit einer Eigenschaft der Bewegung des blauen Wassers auf der Landoberfläche verbunden, gemeint ist die Ausrichtung der Was-

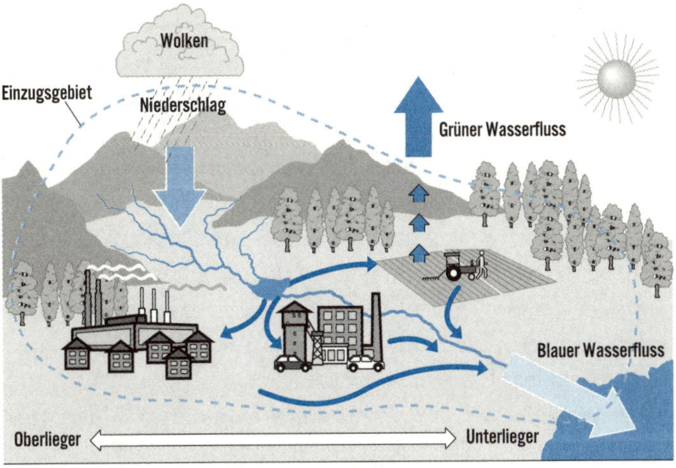

Abb. 9 Die Pfade des Wassers auf der Erdoberfläche. Man unterscheidet zwei unterschiedliche Flusswege, die das Niederschlagswasser auf der Erdoberfläche nehmen kann: den »grünen« Wasserfluss in Form von Evaporation und Transpiration durch die Vegetation und den »blauen« Wasserfluss in Form von Abfluss in Flüssen und im Grundwasser (nach Falkenmark, 2001).

serflüsse nach dem Gefälle der Oberfläche und die daraus resultierende Aufteilung der Landoberfläche in Einzugsgebiete. Das blaue Wasser, das von einer Fläche abfließt, folgt dem Gefälle und sammelt sich an einem Punkt, dem Auslauf des Einzugsgebietes. Das Gefälle der Landoberfläche prägt dem Abfluss des blauen Wassers eine Struktur auf und sorgt dafür, dass er an jedem Punkt eindeutig nur in eine Richtung fließen kann. Damit bekommt aber auch jeder Ort auf der Landoberfläche neue, ohne das blaue Wasser nicht gekannte Eigenschaften: er besitzt einen Oberlieger und einen Unterlieger. Der Oberlieger ist der Ort, von dem er Wasser bekommt, der Unterlieger ist derjenige Ort, dem er das Wasser weitergibt. Oberlieger und Unterlieger bewirken, dass blaues Wasser in einem Einzugsgebiet mehrfach genutzt werden kann. Wasser, das im Oberlauf eines Baches Forellen ernährt hat, kann z. B. ohne Probleme im Unterlauf zur Kühlung eines Kraftwerkes genutzt werden. Der umgekehrte Fall gilt allerdings in der Regel nicht. Wasser, das im Oberlauf zur Kühlung eines Kraftwerkes genutzt wurde, kann im Unterlauf nur mehr schwer zur Aufzucht von Forellen genutzt werden, da es dann zu warm ist. Der Oberlieger hat im zweiten Fall also durch seine Art der Nutzung des Wassers eine weitere Nutzung durch den Unterlieger verhindert.

Das gewählte Beispiel zeigt zwei Charakteristika der Nutzung des blauen Wassers: 1) die prinzipielle Möglichkeit der Mehrfachnutzung von blauem Wasser aufgrund der vorgegebenen Fließwege durch die Landoberfläche und 2) die komplexen Fragen, die bei Mehrfachnutzung durch die unterschiedlichen Ansprüche der Nutzungen entstehen können.

Eine Mehrfachnutzung von grünem Wasser im selben Einzugsgebiet ist in der Regel nicht möglich. Der Strom grünen Wassers unterscheidet sich in diesem wesentlichen Punkt fundamental vom Strom blauen Wassers. Dies liegt daran, dass, nachdem die Verdunstung des Wasserdampfs in die freie Atmosphäre erfolgt ist, dieser sich dem Wind folgend aus dem Einzugsgebiet bewegt und in der Regel an einer anderen, weit entfernten Stelle wieder als Niederschlag die Erdoberfläche erreicht. Das grüne Wasser hat damit zwar Oberlieger aber keine Unterlieger und ist somit für die weitere Nutzung verloren.

Wir werden auf die Charakteristika des blauen Wassers und die Unterschiede zum grünen Wasser im Laufe des Buches noch zurückkommen. Das Konzept des blauen und grünen

Wassers wird sich als nützlich erweisen bei der genaueren Analyse der Veränderungen der Wasserbilanzen durch den Menschen und der Grenzen, die der Nutzung des Wassers auf der Erde gesetzt sind. Die dabei behandelten Fragen sind eng verbunden mit Landnutzungsänderungen und der damit verbundenen Umlenkung von blauen in grüne Wasserströme. Ich werde an Beispielen aufzeigen, dass eine Landnutzungsentscheidung damit immer auch eine Wasserentscheidung ist. Dies wird besonders deutlich werden, wenn wir uns im nächsten Kapitel dem Aralsee und dem Einzugsgebiet des Nil als regionale Beispiele der Beeinflussung des natürlichen Wasserhaushaltes durch den Menschen zuwenden werden. In aller Regel haben diese Entscheidungen eines Oberliegers auch einen Unterlieger, der davon betroffen ist. Dieser kann sowohl ein weiterer Nutzer sein, der in der Lage ist, seine Betroffenheit zu artikulieren. Es kann aber auch ein natürliches Ökosystem sein, das mit der Reinigung des Grundwassers beschäftigt ist und das mit seiner hohen Biodiversität die genetischen Ressourcen beherbergt, die für eine stabile Weiterentwicklung des Einzugsgebiets dringend benötigt werden. Wer ist dann eigentlich der oder die Betroffene?

Unterschiedliche Interessen von Ober- und Unterliegern bilden den Hauptgrund für Wassernutzungskonflikte sowohl zwischen den betroffenen Menschen als auch zwischen den Ansprüchen der Menschen und den Ansprüchen der Natur.

2.8 Zusammenfassung

Das Leben auf der Erde hat im Laufe seiner Entwicklung zwei Kreisläufe in seinen Besitz genommen: den Kohlenstoffkreislauf und den Wasserkreislauf. Durch das Leben sind diese beiden Kreisläufe, die auf leblosen Planeten nur wenig miteinander zu tun haben, nun auf das engste miteinander verbunden. Diese enge Verbindung hat die Umweltbedingungen über Jahrmilliarden im lebensfreundlichen Bereich gehalten, indem sie die Konzentrationen der beiden stärksten Treibhausgase, CO_2 und Wasserdampf, kontrolliert. Dabei entstand ein neues, stabiles Temperaturgleichgewicht der Erde und damit die Möglichkeit, durch die Vergrößerung biologischer Vielfalt das Leben auf der Erde weiter zu stabilisieren. Das Leben selbst bildet damit sein eigenes Lebenserhaltungssystem. Die weitere Existenz des Lebens auf der Erde und damit unsere Existenz ist von der kontinuierlichen Aufrechterhaltung lebensfreundlicher Umweltbedingungen im Bereich des von Leben geschaffenen Gleichgewichts abhängig. Es muss demnach vermieden werden, dass durch Überbeanspruchung die Funktionstüchtigkeit des globalen Lebenserhaltungssystems in Mitleidenschaft gezogen wird.

Der Wasserkreislauf auf der Erde besitzt charakteristische Eigenschaften, die sich sowohl vom Wasser als Stoff als auch von seiner Rolle für das Leben ableiten lassen:

1. Niederschlag teilt sich in blaue und grüne Wasserflüsse auf. Die Aufteilung ändert sich, wenn sich Vegetation oder Boden ändern.
2. Wasser ist keine nichterneuerbare Ressource, sondern bildet einen Kreislauf. Dies ist streng genommen nicht ganz richtig, da es auch fossiles Grundwasser gibt. Dieses lagert,

ähnlich wie Erdöl, seit Millionen Jahren in schwer zugänglichen geologischen Schichten und wird nicht im Wasserkreislauf ständig erneuert. Es wird inzwischen vom Menschen ausgebeutet, sollte aber im Rahmen der Diskussion der Nachhaltigkeit der Ressource Wasser keine Rolle spielen, da es nicht erneuerbar ist und seine Nutzung deshalb prinzipiell nicht nachhaltig sein kann.

3. Das Wasser, das wir in diesem Buch betrachten, ist also ständig in Bewegung und bewegt sich durch alle Kompartimente des Erdsystems. Von der Atmosphäre, auf der Landoberfläche, durch den Boden, im Grundwasser, in Flüssen und Seen. Das Gefälle bewirkt, dass sich dabei eindeutige Oberlieger / Unterlieger-Beziehungen bilden.
4. Wasser nimmt alles auf, was wasserlöslich ist, und nimmt es mit auf seinem Weg durch das Erdsystem.

Die Geschichte des Menschen ist auf das engste verknüpft mit der Kontrolle über die blauen Wasserströme in Flüssen, Seen und Brunnen. Sie werden, ausgehend von den frühen Hochkulturen Chinas, Indiens und Mesopotamiens, schon seit Generationen zur Bewässerung, zur Industrialisierung, zum Transport von Abfällen und zur Erzeugung von Energie genutzt. Auf der anderen Seite ist der Fluss grünen Wassers durch die Vegetation in entscheidendem Maß für die Pflanzenproduktion und für eine große Anzahl von Gütern und Dienstleistungen, die das Lebenserhaltungssystem der Erde zur Verfügung stellt, verantwortlich. Durch diese primären Funktionen der Wasserflüsse sowohl in der Anthroposphäre als auch in der Biosphäre verbindet der Wasserkreislauf Gesellschaft und Natur.

3 Wie wird Wasser genutzt? – Regionale Beispiele

Im Folgenden habe ich zwei Beispiele von Wassernutzung ausgesucht, die zeigen sollen, in welchem Umfang regional bereits die Wasserressourcen beansprucht werden und welche Problemlagen dazu führen, dass das Wasser in den betrachteten Regionen knapp wird. Ich werde den Aralsee und den Nil behandeln. Beide Regionen stehen für massive Eingriffe des Menschen in den dort natürlich vorkommenden Wasserkreislauf. Die Eingriffe wurden zu der jeweiligen Zeit nicht leichtfertig durchgeführt. Ihnen sind jahrelange Planung und viele Untersuchungen vorausgegangen. Viele vorhergesagte bzw. vorhersagbare Folgen, auf die die Skeptiker vor dem Eingriff aufmerksam gemacht haben, sind eingetreten. Das Ziel meiner Ausführungen ist, anhand der Beispiele den Weg aufzuzeigen, der zum jetzt einsetzenden Umdenken geführt hat.

3.1 Der Aralsee

Das Beispiel des Aralsees beschreibt die Problematik zentral geplanter, großtechnischer Wasserbauprojekte. Solche Projekte besitzen einen ambivalenten Charakter: Einerseits stellen sie gewünschte zusätzliche Ressourcen bereit (Wasser für Ernährungssicherheit, erneuerbare Energie) oder schützen vorhandene Strukturen und Menschen (Hochwasserschutz), andererseits können sie Umwelt und Gesellschaft nachteilig beeinflussen. Die Auswirkungen dieser Großanlagen sind selten lokal oder regional begrenzt, sondern können weitreichende, oft auch internationale Ausmaße annehmen.

Der Aralsee ist ein sogenannter End- oder Binnensee, ein See also, der keinen Abfluss zum Meer besitzt. Binnenseen sind ökologisch empfindliche Gebilde, da sich sämtliche Einleitungen dort ansammeln und konzentrieren. Das einlaufende Wasser verdunstet nämlich und lässt die transportierte Schmutzfracht zurück. Dies ist prinzipiell nicht anders als bei den Ozeanen, deren Salzgehalt sich über Milliarden Jahre hinweg durch Destillation aufgebaut hat. Im Gegensatz zu ihnen ist die Aufnahmefähigkeit von Binnenseen allerdings wegen ihrer begrenzten Größe sehr beschränkt. Der Aralsee ist einer der weltweit größten Endseen und wird von den im Süden liegenden Pamir- und Tianshan-Gebirgen gespeist. Abb. 10 zeigt das Einzugsgebiet des Aralsees.

Die damalige Sowjetunion beschloss 1918, dass die beiden Flüsse, die in den Aralsee münden, der Amu Darya im Süden und der Syr Darya im Nordosten umgeleitet werden sollten, um die Wüste zu bewässern. Ziel dieser Umleitung war es, Reis, Getreide, Melonen und vor allem Baumwolle anzupflanzen. Das Vorhaben war Teil des damaligen 5-Jahres-Plans, der Hintergrund für die Ausarbeitung der Pläne war, das »Weiße Gold« Baumwolle in großen Mengen zu erzeugen und damit auf den internationalen Märkten zu einem Hauptanbieter von Baumwolle zu werden. Dies ist der ehemaligen Sowjetunion schließlich auch gelungen. Inzwischen ist – nach dem Zerfall der Sowjetunion – allerdings Usbekistan zu einem der größten Baumwollanbieter der Welt geworden.

Im großen Stil begann der Bau der Bewässerungskanäle in den 1930er Jahren. Viele Bewässerungskanäle wurden

Abb. 10 Der Aralsee und sein Einzugsgebiet (aus UNEP, 2005).

schlecht gebaut, sodass sie sowohl Lecks aufwiesen, aus denen das Wasser austrat, als auch wegen ihrer offenen Bauweise große Verdunstungsverluste erzeugten. Aus dem Qaraqum Kanal, dem größten in Zentralasien, gingen so zwischen 30 und 70 % des Wassers, das im Oberlauf eingespeist wurde, ungenutzt verloren. Heute sind in Usbekistan schätzungsweise nur 12 % der Bewässerungskanäle dicht (UNEP, 2005).

Ein See verschwindet

Als im Jahr 1960 die Anlagen im geplanten Umfang fertig gestellt worden waren, wurde die unvorstellbare Menge von 20 bis 50 Kubikkilometer Wasser, das in früheren Zeiten den Aralsee erreichte, umgelenkt und floss auf die Felder, um dort als grünes Wasser zu verdunsten. Nachdem nun der größte Teil des Zuflusses umgeleitet war, begann der Aralsee in den 1960er Jahren zu schrumpfen.

Abb. 11 zeigt das Einsetzen der Umleitung der Zuflüsse in den Aralsee um 1960 und die darauf folgende Reduzierung des Zuflusses, die sich unvermittelt auch auf das Wasservolumen des Aralsees auswirkte. Der weitere Verlauf der Entwick-

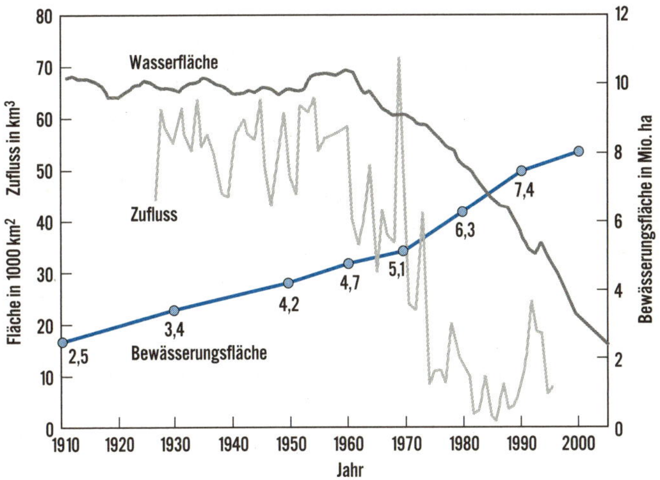

Abb. 11 Entwicklung des Zuflusses und der Wasserfläche des Aralsees sowie der Bewässerungsfläche von 1910 bis heute (aus Geographie, 2007).

lung war mit der stetig steigenden Bewässerungsfläche damit vorgezeichnet. Von 1961 bis 1970 fiel der Wasserstand des Aralsees um 20 cm pro Jahr, in den 1970er Jahren stieg die Absenkungsrate auf 50 bis 60 cm pro Jahr, heute liegt sie bei 80 bis 90 cm pro Jahr. Diese Entwicklung lässt vermuten, dass die Wassernutzung für Bewässerung unablässig gesteigert wurde. Die Wassermenge, die den Zuflüssen entnommen wurde, verdoppelte sich zwischen 1960 und 1980. Dies führte allerdings auch zu einer Verdopplung der Baumwollproduktion, was einmal mehr die enge Verbindung zwischen Wasserverbrauch und landwirtschaftlicher Produktion aufzeigt.

Die Reduzierung der Zuflüsse führte zu einer rapiden Schrumpfung der Fläche des Sees, was in Abb. 12 als Zeitserie eindrucksvoll zu verfolgen ist.

Das Verschwinden des Sees war für die Sowjets durchaus keine Überraschung; sie hatten eigentlich schon früher damit gerechnet. Zumindest bei Teilen der damaligen sowjetischen Umweltplaner herrschte die Ansicht vor, der Aralsee sei als Binnensee sowieso ein »Fehler der Natur«. Ein sowjetischer Wasserbauingenieur sagt schon 1968, es »liege für jeden auf der Hand, dass das Verdunsten des Aralsees unausweichlich sei«.

Inzwischen hat sich die Seefläche um ungefähr 60 %, das Wasservolumen im See um 80 % verringert. War der Aralsee in den 1960er Jahren noch der viertgrößte Binnensee der Erde, so ist er heute mit einer Fläche von 17 000 km^2 noch auf Platz 8.

Die Reduzierung des Zuflusses in den See ist auch für die anwohnende Bevölkerung nicht ohne Folgen geblieben. Zum einen wurden die Wege zum Wasser durch die Reduzierung der Seefläche immer weiter. Die Destillation des Aralsee-Wassers führte aber auch zu einer Anreicherung der Salze,

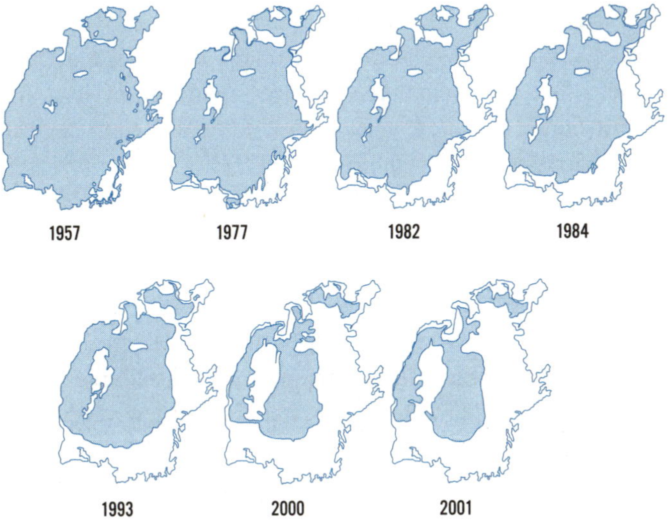

Abb. 12 Veränderung der Fläche des Aralsees (dunkle Fläche) von 1957 bis 2001 (nach UNEP, 2002).

Düngemittel und Pestizide, die aus den bewässerten Feldern am Ober- und Mittellauf der Flüsse ausgeschwemmt wurden. In den letzten 40 Jahren hat sich so der Salzgehalt des Sees von 10 g/l auf 45 g/l erhöht.

1987 führte die unaufhörliche Schrumpfung des Sees zu einer Teilung in zwei separate Seen, einen kleineren nördlichen und einen südlichen Aralsee. Um die negativsten Folgen dieser Teilung, die einen direkten Austausch des Wassers zwischen dem Norden und dem Süden des Seekörpers verhinderte, abzumildern, wurde noch zu Sowjetzeiten ein Kanal gebaut, der die beiden Teile wieder miteinander verband. Dieser Versuch einer künstlichen Verbindung war nur von kurzer

Dauer. Die weitere Absenkung des Wasserspiegels in den beiden Seen hat sie 1999 wieder zerstört. Im Jahr 2003 war der Wasserspiegel dann so weit abgesunken, dass sich auch der südliche Teil des ehemaligen Aralsees endgültig in zwei getrennte Seen aufspaltete, eine Entwicklung, die schon im Jahr 2001 zu erahnen war (siehe Abb. 12).

Auch wenn in den letzten Jahren Grundwasserzuströme aus dem Pamir- und Tianshan-Gebirge entdeckt wurden, die über weite Entfernung dem See Wasser aus den Gebirgen und aus den lecken Bewässerungssystemen zuführen, so hat eine genauere Untersuchung der dabei transportierten Wassermenge ergeben, dass die Verluste, die durch die Verdunstung des Sees entstehen, dadurch bei weitem nicht wettgemacht werden können.

Natürlich wird, wie bei jedem großtechnischen Eingriff, versucht, die negativen Auswirkungen durch weitere technische Maßnahmen auszugleichen und abzumildern. Massive Mittel der Entwicklungshilfe werden dazu verwendet, um die maroden Bewässerungskanäle am Syr Darya abzudichten und damit Wasser zu sparen. Im Jahr 2003 hat das Kasachische Parlament darüber hinaus beschlossen, einen Damm zu bauen, um den nördlichen und südlichen Teil des Aralsees hydraulisch voneinander zu trennen. Dies sollte verhindern, dass Wasser aus dem sich erholenden nördlichen Aralsee, der sich in Kasachstan befindet, in den südlichen Aralsee und damit auf das Territorium von Usbekistan sickert. Dort würde das in Kasachstan zur Seesanierung gebrauchte Sickerwasser wegen der relativ kleinen Menge zur Sanierung nur wenig beitragen können. Der Damm wurde im August 2005 in Betrieb genommen. Seitdem ist der Wasserspiegel des nördlichen Sees wieder von vormals 30 Meter auf 38 Meter gestiegen. Experten vor Ort geben bei einer Marke von 42 Metern dem See eine Zukunft. Der See, der sich bei seiner kleinsten Ausdehnung fast 100 km von dem ehemaligen Hafen Aralsk zurückgezogen hatte, befindet sich nun wieder 25 km entfernt von der Stadt.

Schlechter ist es um das Schicksal des südlichen Aralsees bestellt, er liegt auf dem Staatsgebiet des wesentlich ärmeren Usbekistan. Er wurde bis heute weitgehend seinem Schicksal überlassen. Hier ist das Ausmaß der Zerstörung auch bei weitem tragischer als im nördlichen Aralsee. Die Austrocknung und Schrumpfung hat ausgedehnte Salzpfannen hinterlassen, auf denen Vegetation keine Chance hat, sich auszubreiten. Die Herbst- und Winterstürme haben damit beim Ausblasen der Salze und Pestizide leichtes Spiel. Der Versuch, hier wieder Vegetation anzusiedeln, die durch ihre Verdunstung Wasserdampf erzeugt, der den lokalen Niederschlag positiv beeinflussen würde sowie die Ausblasungen mindert, ist bisher großflächig fehlgeschlagen.

Insgesamt verschwindet der südliche Aralsee schneller als vorhergesagt. An seiner tiefsten Stelle sind die Wasser inzwischen durch den hohen Salzgehalt so schwer geworden, dass sie sich nicht mehr mit dem restlichen Seewasser und dem wenigen Süßwasser, das auch heute noch in den See fließt, mischen. Dies hat fatale Folgen, an die zunächst nicht gedacht wurde. Das Süßwasser schwimmt nun auf dem schweren Salzwasser und erwärmt sich im Sommer stärker, als dies der Fall wäre, wenn Durchmischung stattfinden würde. Die starke Aufheizung der obersten Schichten vergrößert die Verdunstung und beschleunigt damit das Verschwinden des Sees. Die letzten Untersuchungen auf der Basis dieser Erkenntnis besagen, dass der südliche Aralsee in zehn Jahren endgültig verschwunden sein wird.

Gesundheit für Baumwolle

Im Laufe des Rückzugs des Aralsees wurde das ehemals intakte Ökosystem des Sees und seiner Zuflüsse nicht zuletzt wegen der starken Versalzung fast völlig zerstört. Das zurückweichende Wasser hat große, salzhaltige und wegen der hohen Konzentrationen giftiger Chemikalien weitgehend tote Flächen zurückgelassen. Die Salze und mit ihnen die Chemikalien werden inzwischen vom Wind ausgeblasen und über weite Flächen verteilt. Das Land um den Aralsee wurde so in der Zwischenzeit stark kontaminiert. Die Menschen, die in der Nähe des Sees leben, leiden unter schweren Gesundheitsproblemen.

Der wichtigste Faktor, der den schlechten Gesundheitszustand der Bevölkerung verursacht, ist die starke Versalzung des Trinkwassers. Das Salz alleine wäre nicht so schlimm, wenn nicht mit den Salzen auch chemische Düngemittel, Pestizide und Entlaubungsmittel, die vor allem beim Baumwollanbau zur Rationalisierung der Ernte benutzt werden, in hohen Konzentrationen ins Grundwasser gelangen würden. In den Körpern der Menschen findet sich die gesamte Palette agrochemischer Substanzen vom DDT über Methylmercaptophos, Ostametyl, Dutifos, Milbex, Hexachloran, Lenacil und Ro-Neet. Die Giftstoffe werden sowohl über das Trinkwasser als auch über die Nahrungskette aufgenommen. Schwermetalle und Insektizide sammeln sich vor allem in den Fischen an. Über die Nahrungskette aufgenommen fand man vor allem im Gewebe von Kindern erhöhte Blei-, Kadmium- und Magnesiumgehalte, was zu Missbildungen und Wachstumsstörungen führte. Die Anzahl der Krebskranken steigt zurzeit immer noch in alarmierendem Ausmaß. So erkranken in Kyzylorda Oblast, einer mittleren Stadt im kasachischen Teil des

Seeumlandes, nachweislich 800 Menschen pro Jahr an Krebs. Sie leiden vor allem an Speiseröhren- und Magenkrebs. Untersuchungen ergaben dabei einen sehr signifikanten Zusammenhang zwischen der Salzkonzentration des Trinkwassers und der Erkrankung an Speiseröhrenkrebs.

Die miserable Trinkwasserqualität ist Ursache für die hohe Säuglingssterblichkeit in der Region, wie Abb. 13 zeigt. Sie liegt in Deutschland bei unter 20 Kindern pro 1000 Lebendgeburten. Der enge Zusammenhang zwischen der Säuglingssterblichkeit und der Abweichung der Trinkwasserqualität von der in Kasachstan gültigen Norm für zwei untersuchte Städte ist augenfällig.

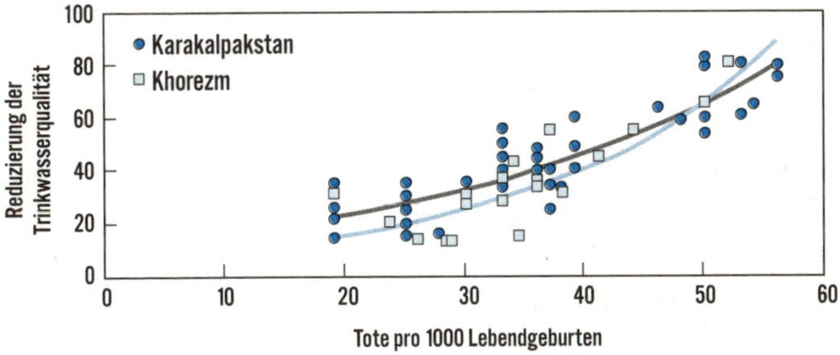

Abb. 13 Zunahme der Fehlgeburten als Folge von verschmutztem Trinkwasser in zwei Städten in der Aralsee-Region. Nach rechts ist die Anzahl der gestorbenen Säuglinge pro 1000 Lebendgeburten aufgetragen, nach oben ist die Verschlechterung der Trinkwasserqualität gegenüber den gesetzlichen Vorgaben dargestellt (100 ist die stärkste gemessene Abweichung, UNEP, 2005).

Im überwiegenden Teil des Einzugsgebietes des Aralsees sind die hygienischen Verhältnisse und damit die Kindersterblichkeit vergleichbar mit der Situation der untersuchten Städte.

Der Hauptgrund für diese schockierenden Zahlen ist die ungenügende Aufbereitung des Trinkwassers. Zu den schweren Umweltbelastungen in der Region, die oben schon hinreichend beschrieben wurden, kommt in der gesamten Aralsee-Region ein weiterer, auch für andere Regionen mit ähnlichen Problemen charakteristischer Faktor: das fast völlige Versagen der staatlichen Verwaltungsorgane bei der Erfüllung der Grundbedürfnisse der Bevölkerung. Nach den offiziellen Zahlen (UNEP, 2005) werden 8 % des Trinkwassers überhaupt nicht behandelt und mehr als 60 % des Trinkwassers wird nicht desinfiziert. Mehr als ein Sechstel der Bevölkerung ist nicht einmal an das öffentliche Wasserversorgungsnetz angeschlossen und was noch schlimmer ist, das bestehende Netz ist so marode und unzuverlässig in der Lieferung von Wasser, dass große Teile der Bevölkerung schließlich keine andere Wahl haben, als – wenn auch nicht immer – so doch gelegentlich, ihr Trinkwasser aus offenen Staubecken oder dem Bewässerungswasser zu entnehmen (Vashneva & Peredkov, 2001). Die Konsequenzen sind vorgezeichnet: schwere Erkrankungen des Verdauungsapparates.

Es ist sicher nicht übertrieben zu sagen, dass diese notgedrungen nur in Ansätzen beschriebene Tragödie des Aralsees in den letzten 40 Jahren die größte, jemals vom Menschen verursachte Wasserkatastrophe darstellt. Und doch ist sie nicht primär eine Wasserkatastrophe, sondern eine Katastrophe für die Menschen. Man darf unterstellen, dass die Absichten der Initiatoren des Projektes in den 1920er Jahren nicht schlecht oder gar bösartig gewesen sind. Und doch haben sie mit der Idee, blaues Wasser in massivem Umfang in grünes Wasser umzuwandeln und damit dem Aralsee zu entziehen, eine in ihrer nachträglichen Logik fast zwangsläufige Kette von Entwicklungen losgetreten. Der Produktion großer Mengen von Baumwolle steht inzwischen ein zerstörtes Ökosystem gegenüber. Was aber im allerhöchsten Maß beunruhigend ist: Mit der Zerstörung der Ökosysteme setzt die Verarmung und Zerstörung der Menschen ein. Hier setzt sich eine Spirale in Gang, an deren Ende fast zwangsläufig die Unbewohnbarkeit der Region steht. Die betroffenen Menschen sind nämlich gezwungen, auf alle Fälle und ohne Rücksicht auf den Zustand der sie ernährenden Umwelt diese mit den billigst möglichen Düngemitteln und Pestiziden und unter zunehmender Missachtung jeglicher Grundsätze der Nachhaltigkeit auszubeuten. Dieses Fehlverhalten verschlechtert den Zustand der Umwelt, was zu noch krasserem Fehlverhalten führt. Ein Teufelskreis setzt ein, aus dem nur schwer ein Ausweg zu finden ist.

Menschen machen so etwas nicht aus freien Stücken, es ist auch in aller Regel nicht die Unwissenheit, die solche Abwärtsspiralen in Gang setzen; in der Regel ist es die Not.

3.2 Der Nil

Der Nil gehört zu den größten Flüssen der Erde. Sein Einzugsgebiet umfasst 3 254 555 km^2. Das ist ungefähr 10 % der Fläche Afrikas und das Zehnfache der Fläche Deutschlands. Von dieser Fläche nehmen 1 % Städte und Dörfer, 2 % Wälder, 3 % Feuchtgebiete, 3 % offene Wasserflächen, 4 % Gestrüpp, 5 % Bewässerungsflächen, 10 % landwirtschaftliche Flächen ohne Bewässerung, 30 % Wüste und 42 % die Grasländer der Savannen ein.

Hier leben heute mehr als 250 Millionen Menschen. Die jährliche Zuwachsrate liegt bei 2–3 %. Damit gehört die Region des Nil zusammen mit Bangladesh zu den Weltmeis-

tern im Bevölkerungswachstum. Auch wenn man die ersten sich abzeichnenden Tendenzen einer Abschwächung des Wachstums nach den Regeln der Demographie in die Zukunft extrapoliert, wird die Bevölkerung im Jahr 2025 die 400-Millionen-Grenze überschreiten, ungefähr 2030 die Einwohnerzahl der erweiterten EU erreicht haben und etwa im Jahr 2060 bei einer Milliarde liegen.

Das Satellitenbild gibt den Blick frei auf den größten Teil des Einzugsgebiets des Nil. Es reicht vom Viktoria-See im Süden über die Vereinigung von Weißem und Blauem Nil genau in der Mitte des Bildes vor der ersten großen Linkskurve des Flusses, über des Aswan Stausee bis zum Niltal und seiner Mündung ins Mittelmeer im Nildelta im Norden. Das Bild sagt viel über die Ausgangslage für die Nutzung der Ressource Wasser in diesem Einzugsgebiet. Im Wesentlichen sieht man auf dem Bild zwei Bereiche, einen dunkleren im Süden und einen hellen im Norden. Durch den hellen

Bereich des Nordens zieht sich der Nil wie ein dunkles Band. Diese Teilung des Bildes im südlichen Sudan in einen hellen und einen dunklen Bereich ist kein Zufall. Vielmehr sehen wir im Süden die Vegetation bei der Arbeit. Sie benötigt Lichtenergie zur Fotosynthese und zur Verdunstung von Wasser. Indem sie Fotosynthese betreibt und Wasser verdunstet, absorbiert sie Sonnenlicht. Damit reduziert sich die Menge an Licht, die in die Kamera des Satelliten reflektiert wird, das Bild wird dementsprechend dunkel. Der Norden des Bildes deckt die Wüste Sahara ab. Die verschiedenen Gesteinsformationen sind zwar unterschiedlich hell und erzeugen verschiedene Muster, nicht einmal die dunklen Gesteinsflächen zwischen dem Niltal und dem Roten Meer sind aber in der Lage, so viel Licht zu absorbieren, wie die Vegetation des Südens, die Vegetation im schwarzen Niltal oder das Wasser im Aswan Stausee, der auf dem Bild gut zu erkennen ist.

Zehn Länder teilen sich das Wasser des Nil. Von diesen Ländern liegen Eritrea, Tansania, Uganda, Burundi, Ruanda, Kongo und Kenia im Süden und haben Wasserüberschuss. Ägypten, Sudan und Teile Äthiopiens liegen im Norden. Sie haben akuten Wassermangel und leben von dem Wasser, das sie von den südlichen Ländern bekommen. Der Nil verbindet also den Wasserüberschussbereich des Südens mit ihrer üppigen tropischen Vegetation mit dem Wassermangelbereich des Nordens, der selbst fast keine Wassereinnahmen durch Niederschlag besitzt.

Der Nil entsteht erst durch den Zusammenfluss des Weißen und des Blauen Nil im Sudan. Der Weiße Nil entspringt im äquatorialen Hochland Afrikas, der Blaue Nil in den Hochländern Äthiopiens. Beide Zweige bewegen sich von dem 2400 m hoch gelegenen Ostafrikanischen Rift hinunter in die jeweiligen Tiefländer, wo sie an Gefälle verlieren und große Ebenen gebildet haben.

Als Quelle des Nil wird allgemein der in Uganda liegende Viktoria-See angesehen. Das ist aber nur insofern richtig, als dass man dann die Zuflüsse zum Viktoria-See außer Acht lässt. Nimmt man sie hinzu, so dehnt sich das Einzugsgebiet um mehrere Länder, unter ihnen Rwanda und Tansania, aus. Der Nil verlässt den Viktoria-See an den Ripon Fällen in Uganda. Nach 500 km durchquert er den Kyoga See (im Bild das vieladrige, schwarze Gebilde nördlich des Viktoria-Sees) und danach den Albert-See (schwarze Fläche westlich davon). Nach dem Verlassen des Albert-Sees, er heißt nun Albert-Nil, führt ihn das Gefälle hinunter zu den Nil-Sümpfen im Sudan (dunkles, fächerförmiges Delta nördlich des Albert-Sees). Nach Durchqueren der Nil-Sümpfe und Vereinigung mit dem Sobat wird er dann zum Weißen Nil. Den Namen hat er bekommen von den großen Mengen Ton, die durch das relativ starke Gefälle im Sobat aufgenommen werden. Behäbig bewegt sich der Weiße Nil als Fluss mittlerer Größe von dort aus nach Karthoum, dem Ort seiner Vereinigung mit dem Blauen Nil in der Bildmitte.

Der Blaue Nil, manchmal auch der Schwarze Nil genannt, entspringt im Tana See im Äthiopischen Hochland. Auf seinem Weg nach Karthoum legt er 1400 km zurück. Man könnte meinen, der Blaue Nil ist bei weitem der Seniorpartner in der dortigen Vereinigung, transportiert er doch 90 % des Wassers und 96 % des Sediments des Nil nach Karthoum. Zumindest könnten die beiden Partner in ihrem Verhalten kaum unterschiedlicher sein, obwohl sie topographisch und klimatisch aus recht ähnlichen Gegenden stammen.

Worin besteht nun die fundamentale Unterschiedlichkeit der beiden Nilarme?

Beide entspringen in einer Region der Erde, die geprägt ist durch Regen- und Trockenzeiten. Die Zeit, wenn die Sonne im Zenith steht, ist die Zeit der Niederschläge. Dann erhitzt die Sonne das Land, die erhitzte Luft steigt auf und von den umliegenden Regionen strömt feuchte Luft nach, die sich in heftigen Gewittern und starken Niederschlägen entleert. Wandert die Sonne nach Süden, ist es in der Region trocken und die Flüsse werden nur aus dem gespeicherten Wasser gespeist. Hier beginnt der fundamentale Unterschied zwischen dem Weißen und dem Blauen Nil. Der Albert-Nil bewegt sich durch eine Kette von Seen, bevor er das Hochland verlässt. Er verlässt den Albert-See in einem stetigen, gleichmäßigen Strom, dem das regelmäßige Auf und Ab der Niederschläge in der Regen- und Trockenzeit nicht mehr anzumerken ist. Sein Abfluss beträgt an dieser Stelle zwischen 600 und 1200 m^3/sek. Das ist ungefähr vergleichbar mit der Donau bei Passau. Er fließt dann in die endlosen Nil-Sümpfe im südlichen Sudan. Hier verliert er die Hälfte seiner Wasserführung durch Evaporation und Transpiration. Auch die Nil-Sümpfe tragen dazu bei, dass sich der Abfluss des Weißen Nil noch weiter ausgleicht, sodass sich beim Verlassen der Sümpfe der Abfluss über das Jahr weg nur noch wenig ändert.

Die Geschichte des Blauen Nil auf seinem Weg nach Karthoum ist wesentlich schneller erzählt. Ihm fehlen auf seinem 1400 km langen Weg die Seen und Sümpfe. Dies ist der Grund für die beiden fundamentalen Unterschiede zum Weißen Nil: Erstens kann das Wasser im Blauen Nil nicht gespeichert werden und der Verlauf des Abflusses folgt damit direkt dem des Niederschlags und damit dem Zyklus von Regen- und Trockenzeit. Zweitens sind die Wasserverluste durch die Umwandlung von blauem in grünes Wasser durch Verdunstung im Blauen Nil gering bis nicht vorhanden. Dies macht verständlich, warum der Blaue Nil mehr Wasser liefert, als der Weiße Nil und dies erklärt auch die Fluten des Nil als Folge der sommerlichen Regenzeiten in den Tropen. In der Regenzeit ist der Blaue Nil für 70 bis 90 % des Abflusses des gesamten Nil verantwortlich, während der Trockenzeiten reduziert sich sein Anteil bis auf weniger als 20 %.

Ein kleines Gedankenexperiment, in dem wir uns die Seen oberhalb des Albert-Nil und die Sümpfe im Südsudan wegdenken, verdeutlicht, welch ungeheure Bedeutung diese Speicher für das Leben der Unterlieger hat. Ohne diese Speicher würde sich nämlich der Weiße Nil ähnlich verhalten wie der Blaue Nil. Damit kann sich die Wasserführung des Nil in der Trockenzeit nicht auf die sonst übliche Menge, also etwa die der Donau bei Passau, einpendeln. Im Gedankenexperiment schrumpft der Nil in der Trockenzeit sogar zu einem Rinnsal von der Größe der Isar bei München. Eine solch geringe Menge an Wasser hätte auch schon in der Antike nicht ausgereicht, um die damalige Bevölkerung im Nildelta zu ernähren. Ohne die Existenz der Speicher wäre, so kann man berechtigt spekulieren, die Entwicklung der ägyptischen Hochkulturen wahrscheinlich anders verlaufen.

Abb. 14 Das Einzugsgebiet des Nil und seine hydraulischen Bauwerke. Der Nil besteht aus dem Weißen Nil, der aus dem Ugandischen Hochland im Süden entspringt und durch die dortigen Seen in den Sudd, die Sümpfe im Tiefland des Südsudan fließt, und dem Blauen Nil, der im Äthiopischen Hochland im Osten entspringt und sich in Karthoum mit dem Weißen Nil vereinigt (aus Nicol, 2000).

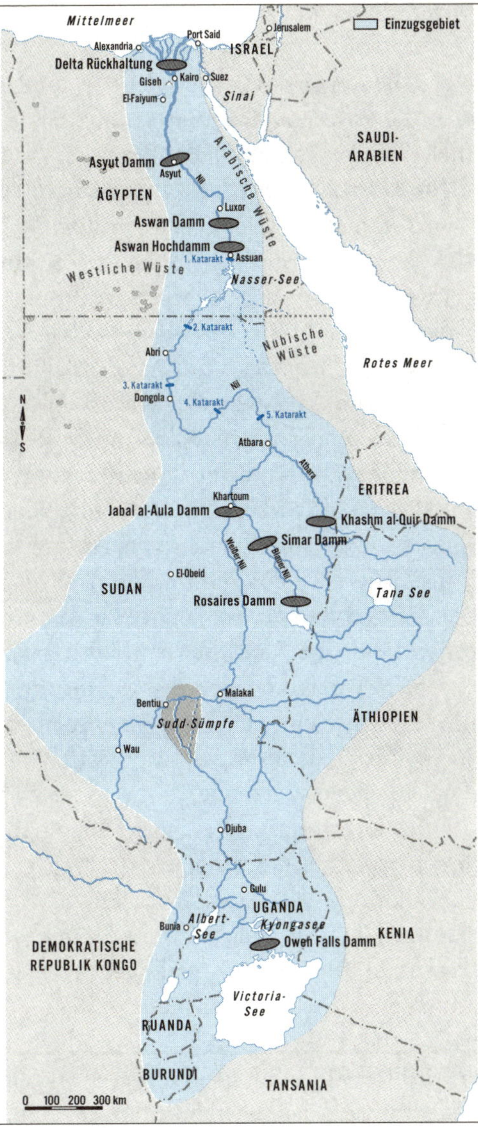
Mittelmeer
Einzugsgebiet
Alexandria
Port Said
Jerusalem
ISRAEL
Delta Rückhaltung
Giseh
Kairo
Suez
El-Faiyum
Sinai
SAUDI-ARABIEN
Arabische Wüste
Asyut Damm
Asyut
Nil
ÄGYPTEN
Luxor
Aswan Damm
Aswan Hochdamm
1. Katarakt
Assuan
Westliche Wüste
Nasser-See
2. Katarakt
Nubische Wüste
Abri
Rotes Meer
3. Katarakt
Dongola
4. Katarakt
5. Katarakt
N
S
Atbara
ERITREA
Khartoum
Jabal al-Aula Damm
Khashm al-Quir Damm
Simar Damm
Weißer Nil
Blauer Nil
El-Obeid
SUDAN
Tana See
Rosaires Damm
Malakal
Bentiu
Sudd-Sümpfe
ÄTHIOPIEN
Wau
Djuba
Gulu
UGANDA
Albert-See
Bunia
Kyongasee
Owen Falls Damm
KENIA
DEMOKRATISCHE REPUBLIK KONGO
Victoria-See
RUANDA
BURUNDI
TANSANIA
0 100 200 300 km

Die Wasser des Nil – Konstanz in der Veränderung

Der Blaue Nil ist wegen des Fehlens der Seen und Sümpfe der Verursacher der großen natürlichen Variabilität des Abflusses im Nil. In der Trockenzeit liefert der Blaue Nil nur sehr wenig Wasser. Sein Abfluss steigt dann kaum über 100 m^3/sec, obwohl in den Tälern des Äthiopischen Hochlandes inzwischen Speicherbecken gebaut wurden, die das Wasser sammeln und in der Trockenzeit kontrolliert abgeben. Während der Regenzeit im August überschreitet der Blaue Nil häufig die Marke von 8000 m^3/sec Abfluss. Das ergibt eine Variabilität des jährlichen Abflusses um den Faktor 80. Dies ist ein Wert, der für die Flüsse Mitteleuropas unvorstellbar hoch ist. In noch viel größerem Umfang variiert die Sedimentfracht im Blauen Nil zwischen Regen- und Trockenzeit. Während in der Regenzeit große Mengen erodierten Materials vom Äthiopischen Hochland abtransportiert werden, nimmt der Transport während der Trockenzeit auf null ab. Es gehörte zu den größten Herausforderungen für die Menschen am Fluss, zu lernen, mit dieser extremen Variabilität der Wasserführung zurechtzukommen. Würde man eine Fabrik mit einer solchen jährlichen Variabilität bei der Zulieferung der Rohstoffe konfrontieren, wäre die nahe liegende Strategie, große Lager zu bauen, um die benötigten Rohstoffe und Ausgangsmaterialien für die Produktion zu speichern. Erst dann lassen sich die übrigen Produktionsfaktoren, wie Arbeit oder Energie das gesamte Jahr über nutzen. Insofern folgt der Bau der insgesamt acht in Abb. 14 aufgeführten Dämme der Logik der optimalen Bewirtschaftung der Wasserressourcen des Nil.

So schwierig der Umgang mit ihnen war, die Nilfluten und damit der jährliche Rhythmus des Nil waren von ausschlaggebender Bedeutung für das Leben im alten Ägypten. Die Stabilität, die der Nil der Jahrtausende währenden alten ägyptischen Kultur verliehen hat, war bemerkenswert. Sie war eine direkte Folge der Fruchtbarkeit des Nilschlamms, der als Folge der Regenzeiten in den Tropen, also in einem damals völlig anderen Teil der Erde, die Felder kostenlos mit Mineralien und Dünger versorgte. Der Nil war darüber hinaus ein idealer Handelsweg für Flachs und Getreide. Die Handelspartner und das sich entwickelnde Handelssystem sicherten die diplomatischen Beziehungen, die Ägypten damals mit anderen Ländern verband, und festigten seine Wirtschaftskraft. Darüber hinaus erzielten die damaligen Landwirte vor allem aufgrund der Verfügbarkeit von Wasser und der sich stets erneuernden Böden beachtliche Überschüsse an Nahrungsmitteln, die sie nicht für die eigene Ernährung benötigten und die damit für Kultur und Militär genutzt werden konnten. Somit hatte das alte Ägypten eigentlich wenig zu befürchten, schon gar nicht, dass ihm seine wertvollsten Ressourcen, das Wasser und das Sediment abhanden kommen könnten.

Wegen seiner Bedeutung für das Land spielte der Nil auch eine zentrale Rolle im politischen, sozialen und religiösen Leben. Die gottgleichen Pharaonen waren für die Nilfluten zuständig, sie brachten damit Leben und Nahrungsmittel. Als Gegenleistung waren die Bauern dazu verpflichtet das Land zu bestellen, die Böden fruchtbar zu halten und einen Teil ihrer Ernte an die Pharaonen abzutreten. Der Pharao verpflichtete sich wiederum, diese Steuer sozial und zum Wohlergehen des ägyptischen Volkes zu nutzen.

Aus der Zeit der Pharaonen gibt es keine Überlieferungen, die belegen würden, dass die Ägypter zu dieser Zeit ein Bewusstsein darüber entwickelt hätten, dass ihre Kultur von den Lieferungen von Naturressourcen aus anderen Teilen der Erde abhängig wäre. Man sah sich in seiner Existenz durch die am

Oberlauf lebenden Menschen nicht bedroht. Die Oberlieger im Sudan und in Äthiopien hätten rein theoretisch ja ihrerseits durch Ackerbau dafür sorgen können, dass ein merklicher Teil des Nilwassers durch Verdunstung wieder an die Atmosphäre zurücktransportiert worden wäre und damit das zu dieser Zeit schon dicht besiedelte Niltal gar nicht erreicht hätte. Dies vor allem schon deshalb, da sie schon damals häufig von Dürren und Hunger heimgesucht wurden und darum das Wasser und das Sediment des Nil für sich selbst gut hätten nutzen können. Sie waren allerdings viel zu schwach, um diese wertvollen Ressourcen den Ägyptern streitig zu machen.

So ist es im Prinzip bis in die Neuzeit geblieben. In den 1980er Jahren waren der Sudan und Äthiopien von massiver Dürre betroffen. Ägypten auf der anderen Seite war gut geschützt gegen die Dürre. Dies lag an den technologischen Maßnahmen, die Ägypten in der Neuzeit ergriffen hat, um den Abfluss des Nil zu kontrollieren. Dazu wurde schon im Jahr 1902 in der Nähe der Stadt Aswan eine Staumauer gebaut, die im Jahr 1912 und 1933 nochmals erhöht wurde. Der See, der dadurch aufgestaut wurde, war nicht groß, er stellte aber sicher, dass der Abfluss des Nil in der Trockenzeit nicht unter 550 m^3/sec absinken konnte, indem er das während der Regenzeit Ende August aufgestaute Wasser in der Trockenzeit im April und Mai an den Fluss wieder abgab. Der Damm war zu klein, um die gesamte Hochwasserwelle der Nilflut zu speichern. Deshalb wurde der erste Teil der Welle im Juni, Juli und Anfang August am Damm vorbeigeleitet. Erst das Wasser am Ende der Regenzeit Ende August wurde dazu genutzt, den Damm zu füllen. So erreichte der vor allem zu Beginn der Regenzeit transportierte, fruchtbare Schwebstoff die Felder der Bauern am Unterlauf. Das vom Damm zusätzlich zur Verfügung gestellte Bewässerungswasser erlaubte es in eingeschränktem Umfang, auch während der Trockenzeit durch Bewässerung weiter Nahrungsmittel zu produzieren. Der dadurch erzielte Zuwachs in der Nahrungsmittelproduktion konnte allerdings nicht lange mit den Bedürfnissen der rapide anwachsenden Bevölkerung Schritt halten. Ein neuer Damm musste her, der in der Lage war, das gesamte Nilwasser zu kontrollieren. Dies erledigte der 1970 fertig gestellte Aswan Hochdamm, der ein paar Kilometer flussaufwärts vom alten Damm den Nil zu einem gigantischen See aufstaute, der sich weit in den Sudan hinein erstreckt.

Der Aswan Hochdamm

Auch der Aswan Hochdamm gehört, wie die Bewässerungssysteme am Aralsee, zu den technologischen Großprojekten, die den Umgang und auch die Auseinandersetzung des 20. Jahrhunderts mit den Naturressourcen kennzeichnet. Die vielerorts und auch am Nil damals geplanten und zum Teil realisierten technologischen Großprojekte waren geprägt von einer Mischung aus Problembewusstsein und naiver, ungebrochener Fortschrittsgläubigkeit in Russland, Europa und den USA. Es war die Zeit der ersten Raumflüge, der ersten Atomreaktoren und der ersten Organverpflanzungen. Die Ägypter suchten zusammen mit Russland und Amerika eine Antwort auf den steigenden Bevölkerungsdruck im eigenen Land. Drei Entwicklungen der damaligen Zeit überzeugten sie:

1. die Wirksamkeit und vor allem Bezahlbarkeit des Kunstdüngers und der Pestizide,

2. die vielversprechenden Fortschritte der Züchtungsforschung und
3. die in Asien von der Weltbank initiierte grüne Revolution, die durch eine Kombination der ersten beiden Entwicklungen in der Praxis phantastisch anmutende Ertragsteigerungen erzielte.

Man glaubte, die lange erträumten Technologien in der Hand zu haben, um der Bevölkerung ewig volle Bäuche und Wohlstand versprechen zu können. Die Aussicht, mit einem Dammprojekt nun auch noch »den Nil zu bändigen«, etwas, was den bewunderten Ahnen nicht gelang, war zu verlockend, um das Projekt nicht über Jahre weg zu verfolgen. Im Kern ging es den Ägyptern darum, sich von den starken Schwankungen in der Lieferung des Wassers durch den Nil endgültig unabhängig zu machen. Damit sollte es möglich sein, die gesamte Landwirtschaft auf mehrere sichere Ernten umzustellen. Natürlich wusste man damals schon über die Fruchtbarkeit der Nilschlämme und ihre Bedeutung für die Landwirtschaft im Niltal Bescheid und natürlich wusste man auch, dass der geplante Damm den Schlamm fast vollständig speichern würde. Die Einführung des Kunstdüngers in Europa, Amerika und Russland stärkten die Ägypter allerdings in der Überzeugung, dass die regelmäßigen Nilfluten als Düngemittellieferant in Zukunft entbehrlich sein würden. Inzwischen liegt der durchschnittliche Verbrauch von Stickstoff, Phosphor und Kalium in Ägypten bei insgesamt 372 kg pro Hektar und Jahr, eine Menge, die die deutsche Intensivlandwirtschaft bei weitem in den Schatten stellt.

Nahe der Stadt Aswan entstand schließlich ein 111 m hoher, fast 4 km langer Damm, der den Nasser See schuf. Der Nasser See staut den Nil heute auf eine Länge von 480 km auf und erstreckt sich 160 km hinein in den benachbarten Sudan. 90 000 Fellachen und Nubier sowie der gesamte Tempelkomplex von Abu Simbel mussten deshalb in einer aufwendigen Aktion umgesiedelt werden. Der Aswan Hochdamm ist eines der größten Wasserprojekte der Weltgeschichte und in seinem Umfang nur übertroffen von den Stauanlagen von Itaipu in Brasilien und dem Drei-Schluchten-Damm in China. Rein hydraulisch gesehen war der Aswan Hochdamm ein durchschlagender Erfolg, wie Abb. 15 zeigt. In ihr ist der Verlauf der Wasserführung des Nil von 1950 bis 1990 dargestellt. Deutlich ist die Variabilität des Abflusses mit Spitzenwerten von bis zu 11 500 m^3/sec während der jährlichen Nilfluten und ein Abfallen auf weit unter 500 m^3/sec in Trockenjahren (z. B. um 1960) vor 1965 zu sehen. Danach nehmen die Spitzenabflüsse, zunächst durch das Befüllen des Dammes mit Flutwasser, stetig ab. Ab dem Jahr 1968 ist die volle Wirksamkeit des Dammes in der Dämpfung der Sommerfluten deutlich zu sehen.

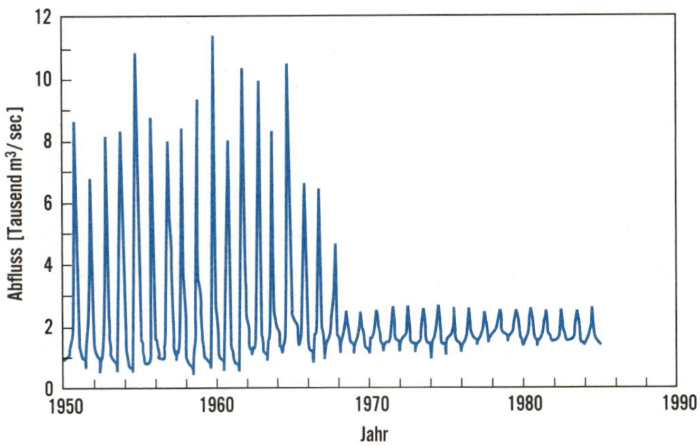

Abb. 15 Abfluss des Nil bei Aswan in den Jahren 1950 bis 1990.

Kann man einen derartig massiven Eingriff in die Natur noch nach seinem Nutzen für den Menschen und seinem Schaden für die Natur bewerten?

Man stößt dabei an Grenzen. Ein umgesetztes Großprojekt stellt für die betroffenen Regionen einen Scheideweg dar. Die Folgen sind in der Regel einschneidend und die Auswirkungen des Projektes auf andere Entwicklungsfaktoren, wie Bevölkerungswachstum, Energieverbrauch, Elektrifizierung oder Industrialisierung sind groß. Aus diesem Grund ist es unmöglich zu sagen, ob die Entwicklung mit oder ohne die Verwirklichung des Großprojektes besser verlaufen wäre. Auch gibt es keine Vergleichsgebiete, in denen man den Null-Test machen könnte, um den Einfluss des Projektes zu untersuchen. Im Rückblick lassen sich aber durchaus positive und negative Effekte des Aswan Hochdamms benennen.

Der Aswan Hochdamm war und ist für die ägyptische und in steigendem Maß auch für die sudanesische Wirtschaft von ungeheurem Nutzen. Die Fluten können damit vollständig gespeichert und kontrolliert wieder abgegeben werden. Es steht damit ausreichend Wasser zur Bewässerung von Hunderttausenden Hektar Farmland zur Verfügung. Am See hat sich eine florierende Fischereiindustrie etabliert, die die Bevölkerung des Binnenlandes mit Eiweiß versorgt. Der Damm hat die Verhältnisse für die Schifffahrt unterhalb und oberhalb drastisch verbessert, indem er nun ganzjährig für eine ausreichende Wassertiefe auch für größere Schiffe sorgt. Und der Damm erzeugt enorme Mengen elektrischen Stroms aus erneuerbaren Energien. Dies hat Ägypten im Verhältnis zu seinen Nachbarn einen bescheidenen Wohlstand eingebracht, wie in Tab. 3 zu sehen ist.

In Tab. 3 ist in Spalte 4 das jährliche Pro-Kopf-Bruttoeinkommen der Bevölkerung der Länder des Nil miteinander

Land	Einwohner Mio.	Bevölkerungswachstum % / Jahr	Brutto-Einkommen US-$ pro Person	Bruttosozialprodukt Milliarden US-$	Interne, erneuerbare Wasserressourcen [m^3/Person und Jahr]
Uganda	22	3	310	6,3	1891
Tansania	33,7	2	280	9,3	2773
Sudan	29,7	2	320	11,2	1279
Ruanda	8,5	2	250	1,8	833
Kenia	30,1	2,3	360	10,4	739
Äthiopien	64	2	100	6,3	2059
Eritrea	4	3	170	0,6	815
Ägypten	63,8	1,8	1490	98,3	29
Kongo	51,3	3			21 973
Burundi	6,8	2	110	0,7	579

Tab. 3 Kennzahlen zu den sozialen Verhältnissen in den Staaten des Nil-Einzugsgebiets, Stand: 2000 (aus: Nicol, 2000).

verglichen. Der deutliche Abstand Ägyptens vor den anderen Ländern ist recht auffällig. Besonders ins Auge fällt der Unterschied im Bruttoeinkommen zwischen Äthiopien und Ägypten. Beide haben mit ca. 70 Millionen Einwohnern vergleichbare Bevölkerungszahlen. Äthiopien liegt im relativ niederschlagsreichen Süden, Ägypten im niederschlagsarmen Norden. Dies wirft ein deutliches Licht auf die ungleiche Verteilung des Nutzens des Nilwassers für die in den verschiedenen Regionen des Nil lebende Bevölkerung.

Der Aswan Hochdamm hat aber auch Schattenseiten. Zuallererst ist hier ein allmählicher Rückgang der Fruchtbarkeit der Böden in den Flussauen des Nil zu nennen. Dies liegt daran, dass die Sedimentfracht der jährlichen Fluten des Nil fast gänzlich im Nasser See aufgefangen wird. Sie ist damit für die Felder stromabwärts des Dammes verloren. Ägyptens jährlicher Kunstdüngerverbrauch von heute 1 Million Tonnen ist kein vollwertiger Ersatz für die geschätzten 40 Millionen Tonnen Schlamm pro Jahr, die die Nilfluten vor der Errichtung des Hochdamms auf den Feldern im Niltal und im Nildelta hinterließen.

Abb. 16 gibt einen Eindruck darüber, wie im Niltal vielerorts auch heute noch mit konventionellen, energiesparenden Techniken Intensivlandwirtschaft betrieben wird. Dabei wird Wasser entweder über Kanäle vom Nil zu den Feldern transportiert oder mit einfachen Hebewerken aus dem vom Nil angereicherten Grundwasser gehoben.

Richten wir nun den Blick weg von Ägypten, dem wirt-

Abb. 16 Konventionelle Bewässerungstechnologie in der ägyptischen Landwirtschaft. Zur Anwendung kommt ein Schöpfrad, um das Bewässerungswasser aus dem Grundwasser zu entnehmen (Foto: W. Mauser).

schaftlich dominierenden Land in der Region und hin zu den übrigen Ländern, die sich die Fläche des Einzugsgebiets und das Wasser des Nil teilen. Das Verhältnis zwischen Bevölkerungswachstum und Armut ist dort inzwischen ein alles bestimmender Faktor geworden. Wenn das Wachstum der Wirtschaft nicht in der Lage ist, mit dem Wachstum der Bevölkerung Schritt zu halten, ist das Resultat unweigerlich eine Verarmung der Bevölkerung. Dies bedeutet bei einem Bevölkerungswachstum von 3 % pro Jahr ein Wirtschaftswachstum von mindestens 3 % oder mehr, um die wachsende Bevölkerung im Arbeitsmarkt zu absorbieren und Mittel für gesellschaftliche Entwicklung freizusetzen. In Tab. 3 ist in Spalte 3 das Bevölkerungswachstum in den Ländern des Nil gegenübergestellt. Dies zeigt, dass in vielen dieser Länder das Bevölkerungswachstum bei 2,5–3 % liegt.

Bei den in Spalte 4 von Tab. 3 gezeigten Unterschieden im Einkommen und in dem in Spalte 3 gezeigten Bevölkerungswachstum der Oberlieger und Unterlieger ist nicht verwunderlich, dass Ägypten mit Argwohn die Pläne Äthiopiens zur Entwicklung seiner Wasserressourcen verfolgt. Die Pläne Äthiopiens zur Einführung großflächiger Bewässerung beunruhigen die Ägypter. Die bedeutet nämlich verstärkte Evaporation und Transpiration im Oberlauf und damit eine Reduzierung der Wasserführung im Nil. Heute ist Äthiopien ökonomisch noch nicht in der Lage, die Bewässerung in vollem Umfang umzusetzen. Seine Agrarproduktion ist fast vollständig auf die jährlich wechselnden Niederschläge angewiesen. Dies kann und muss sich in Zukunft ändern, anderenfalls ist Äthiopien nicht mehr in der Lage, seine wachsende Bevölkerung zu ernähren.

Dabei sieht es mit der Verfügbarkeit erneuerbarer, also nicht aus dem tiefen, jahrtausendealten Grundwasser entnommener Wasserressourcen in diesen Ländern im Vergleich zu Ägypten recht positiv aus, wie Spalte 6 von Tab. 3 verdeutlicht. Ägypten bildet in dieser Hinsicht mit weitem Abstand das Schlusslicht unter den Nil-Staaten mit 29 m^3 Wasser pro Kopf und Jahr. Es wird von Äthiopien mit einer verfügbaren erneuerbaren Wassermenge von 2059 m^3 pro Einwohner und Jahr bei Weitem übertroffen. Das Potential für eine eigenständige, nachhaltige Bewirtschaftung der Wasserressourcen ist demnach in Äthiopien als gut zu bezeichnen. Fest steht allerdings, dass fast alle Entwicklungsoptionen zur Sicherung der Ernährung der Bevölkerung am Oberlauf des Nil sich negativ auf die verfügbaren Wasserressourcen von Ägypten auswirken werden. Dies stellt einen schon seit Jahren schwelenden Konflikt zwischen den Nil-Ländern dar. Es ist ein typischer Konflikt um eine Naturressource, die durch Ober- und Unterlieger charakterisiert ist. Der Konflikt wird sich in den kommenden Jahren verstärken. Obwohl die Bewässerungsgebiete stark ausgedehnt wurden und sich die landwirtschaftliche Produktion dadurch stark ausgeweitet hat, stößt sie inzwischen an natürliche Grenzen. Obwohl Ägypten die nötigen technischen Voraussetzungen mit dem Bau des Aswan Hochdamms geschaffen hat und inzwischen auf der Grundlage der importierten Wasserressourcen intensivste Landwirtschaft mit bis zu drei Ernten pro Jahr betreibt, ist die gegenwärtig in Ägypten verfügbare Menge an Wasser nicht ausreichend, um die notwendigen Lebensmittel für die Bevölkerung zu produzieren. Zwei Faktoren setzen dem weiteren Ausbau der Landwirtschaft enge Grenzen: 1) Ägypten benutzt die verfügbaren Wasserressourcen bereits heute zu 98 %. 2) Ägypten ist nicht in der Lage, die Anbauflächen im Nildelta und im Niltal auf einfache Weise noch weiter auszudehnen.

Getreide ist neben Hirse eines der bedeutendsten Anbaufrüchte in Ägypten. 2002 wurden etwa 1 Million Hektar Getreide bewässert. Dafür wurden 5,3 km^3 Wasser verwendet. Das sind etwa 10 % der gesamten Wassermenge, die in Ägypten zur Bewässerung zur Verfügung stehen (Mason, 2004). Die produzierte Getreidemenge reichte allerdings zur Selbstversorgung nicht aus. Dazu wären 1,7 Millionen Hektar Anbaufläche notwendig. Das Prinzip der Selbstversorgung ist in den Nil-Ländern ein hohes politisches Gut. Nicht selten wird sie auch gegen ökonomische Vernunft in oft übertriebenem Maß angestrebt. Die Selbstversorgungsrate, also der Prozentsatz zu dem sich Ägypten mit Getreide selbst versorgen kann, stieg durch den Ausbau der Bewässerungsflächen von 25 % im Jahr 1982 auf 60 % im Jahr 2000. Dies wurde erreicht, indem die Preise für ägyptisches Getreide von 1982 bis 1994 an den Weltmarkt herangeführt wurde, was Getreide verteuerte. Sie stieg aber eben nicht auf 100 %. Zurzeit importiert Ägypten deshalb immer noch 40 % des benötigten Getreides. Auch wenn eine Selbstversorgungsrate bei Getreide erreicht werden würde, so geschähe dies auf Kosten einer anderen Anbaufrucht, für die schließlich das Wasser zur Bewässerung fehlen würde. Landwirtschaft in Ägypten wird so wegen der begrenzten Wasserressourcen zum Nullsummenspiel.

Nationale Alleingänge können, zumal bei der limitierten Wirtschaftskraft der beteiligten Länder, hier wenig ausrichten. Acht der zehn beteiligten Länder befinden sich im Club der 47 am wenigsten entwickelten Länder der Erde. Wo liegen also die Herausforderungen, mit denen sich alle Nil-Länder gemeinsam konfrontiert sehen? Folgende Konfliktkette lässt sich erkennen:

1. Eine begrenzte Menge Wasser wird von einer Bevölkerung genutzt, die jährlich um 2–3 % wächst. Dem Wachstum der Bevölkerung steht keine gleichzeitige Steigerung der Effizienz in der Wassernutzung gegenüber, sodass das Wasser ständig knapper wird.
2. Die Unterlieger sind wegen der beobachteten Entwicklung der Wassernutzung bei den Oberliegern besorgt über eine Abnahme der Wasserlieferungen von den Oberliegern.
3. Die Oberlieger wiederum sind besorgt darüber, dass die Unterlieger sie deshalb in ihrer Entwicklung behindern könnten.
4. Den Fähigkeiten der Nil-Länder, Alternativen zu den derzeitigen Trends in der Wassernutzung zu finden, sind sozio-ökonomische und politische Grenzen gesetzt.
5. Es gibt kein Abkommen über die Wasserzuteilung zwischen den Nil-Ländern, das von allen akzeptiert wird. Ägypten und Sudan pochen auf »angestammte Rechte« und die Gültigkeit eines Abkommens, das sie 1959 unterzeichnet haben. Die Oberlieger wollen ein neues Nilwasser-Abkommen abschließen.
6. Vereinzelt gab es schon besorgte Äußerungen, diplomatische Spannungen und ausgesprochene Drohungen zwischen den Nil-Ländern vor allem aber zwischen Ägypten und Äthiopien.
7. Dadurch und durch Uneinigkeit zwischen den Nil-Ländern wurden internationale Investitionen in den Wassersektor blockiert.

Wir werden gegen Ende des Buches zum Einzugsgebiet des Nil zurückkehren, wenn ich über Wege berichte, die von den beteiligten Ländern gemeinsam beschritten werden, um zu versuchen, die offenkundigen Konflikte um die Wasserressourcen des Nil in friedliche und kooperative Bahnen zu lenken.

Zuvor möchte ich mich nun genauer mit den Fragen beschäftigen, die zu einem tieferen Verständnis der Fallstudie Nil notwendig sind und die auch im Zentrum des Themas des Buches stehen.

4 Wie viel Wasser ist verfügbar? – Eine neue Perspektive

Im ersten Kapitel des Buches habe ich die zentrale Rolle des Wassers für das Funktionieren des Lebenserhaltungssystems der Erde und damit für das Überleben der Menschen herausgestellt. Wir haben dabei die Erde als ein kompliziertes System ineinandergreifender Prozesse kennengelernt. Es wurde klar, dass das Leben auf der Erde von einem intakten Wasserkreislauf abhängt und dass diese Abhängigkeit lebenswichtige Güter und Dienstleistungen hervorbringt.

Im zweiten Kapitel habe ich zwei Fallbeispiele vorgestellt, die zeigen sollten, in welchem Ausmaß der Mensch heute in der Lage ist, zum einen den Wasserkreislauf zu beherrschen und zum anderen die Wasserflüsse zu verändern. Dabei ging es in beiden Fällen um die großmaßstäbliche Umwandlung von blauem in grünes Wasser. Die Beweggründe für die Eingriffe sind in beiden Fällen nachvollziehbar und haben mit der Versorgung einer wachsenden Bevölkerung mit Nahrungsmitteln und agrarischen Rohstoffen zu tun.

In den letzten 30 bis 40 Jahren hat sich aufgrund der in den Großprojekten erkennbaren Probleme die Besorgnis über die Belastung der natürlichen Kreisläufe, allen voran des Wasserkreislaufs, durch die stetig steigende Weltbevölkerung verstärkt. Dabei hat sich in weiten Teilen der Öffentlichkeit die Meinung durchgesetzt, dass die Welt vor einer akuten Wasserknappheit steht oder zumindest von ernsthaften Wasserproblemen heimgesucht werden wird. Im nächsten Kapitel soll der Frage nachgegangen werden, wie sich die Perspektive auf die genannten Probleme im Laufe der letzten Jahrzehnte verändert hat und welche Erkenntnisse dazu geführt haben.

In den 1970er Jahren lag das Hauptaugenmerk auf der Trinkwasserversorgung. Zu Recht rückte in das öffentliche Bewusstsein, dass ein großer Teil der Weltbevölkerung keinen Zugang zu sicherem, das heißt verfügbarem und sauberem Trinkwasser hatte und auch heute noch nicht hat. Das Trinkwasser war (und ist) in vielen Regionen der Erde primäre Quelle von Krankheitserregern. Damit wurde das Trinkwasserproblem zuallererst als Gesundheitsproblem angesehen, das die Entwicklung der betroffenen Regionen behindert. Die erste Welt-Wasserkonferenz der Vereinten Nationen, die 1977 in Mar del Plata, Argentinien, stattfand, sprach erstmalig dieses Thema an und legte den Grundstein für die in den Jahren 1981 bis 1990 folgende Internationale Dekade des Trinkwassers und der Gesundheitspflege. Ziel war es, innerhalb dieser Dekade weltweit für sauberes, sicheres Trinkwasser zu sorgen sowie die Gesundheitsverhältnisse der Weltbevölkerung entscheidend zu verbessern. Wie man heute weiß, sind die damaligen Ziele nur zu einem Teil erreicht worden. Oft wird sogar behauptet, die damals aufgelegten Programme seien vollkommen nutzlos gewesen. Dies lag sicher nicht daran, dass diese Programme nicht aktiv waren. Sie waren finanziell gut ausgestattet. Schließlich gehörten sie auch zu den ersten Programmen, die Experten aus allen Ländern friedlich zusammen brachten und die versprachen, auf der Basis internationaler Solidarität krasse und augenscheinliche Missstände zu beseitigen. Diese Vision beflügelte und motivierte damals die engagiertesten und qualifiziertesten Expertinnen und Experten ihrer Generation, in ähnlicher Form wie heute das Versprechen der Überwindung aller Krankheiten durch die Genetik.

Worin liegt also der Grund für den damaligen mageren Teilerfolg? Hat man vielleicht an den falschen Stellen nach Lösungen gesucht? War vielleicht der Blick auf das Problem zu eng? Oder waren die Kenntnisse über das Verhältnis der Menschen zum Wasser zu begrenzt?

Inzwischen hat die Welt dazugelernt. Zunächst hatte man bei den Programmen auf die technische Bewältigung des Trinkwasser- und Hygieneproblems gesetzt. Es wurde allerdings bald klar, dass Technologien zwar eine Grundvoraussetzung für eine Lösung sind, dass sie aber ein geeignetes gesellschaftliches Umfeld brauchen, um ihre Wirkung zu entfalten. Technologien müssen täglich gepflegt und angewandt werden, damit sie wirken. Sie benötigen eine Infrastruktur aus Wissen und Kapital, um bedient und gewartet zu werden. Diese Voraussetzungen waren (und sind) in den armen Regionen der Erde nicht vorhanden. Hinzu kam, dass sich allmählich auch die Erkenntnis durchsetzte, dass die Quellen des Trinkwassers das eigentliche Problem darstellten. Indem diese übermäßig verschmutzt wurden und die Ökosysteme durch Überweidung, Intensivierung der Landwirtschaft und steigende Bevölkerungsdichte so geschädigt wurden, dass sie nicht in der Lage waren, Wasser in vorgeklärtem Zustand zur Verfügung zu stellen, versagen vor allem vor dem Hintergrund der Armut der Betroffenen auch die weiteren technischen Möglichkeiten der Trinkwasseraufbereitung.

Die internationalen Programme begannen daraufhin globale und regionale, auf verschiedene Länder bezogene Erhebungen durchzuführen, wie viel Wasser von den Menschen überhaupt genutzt wird. Man wollte herausfinden, wie viel blaues Wasser bereits genutzt wird und wie viel Wasserreserve noch zur Verfügung steht. Das Ergebnis war, dass die Wassernutzung durch den Menschen durchweg hoch war und dass sie, und das war zunächst nicht bekannt, weltweit direkt und eng mit dem Bevölkerungswachstum verknüpft ist. Diese Untersuchungen hatten allerdings in der Regel einen entscheidenden Schwachpunkt, sie zogen die Möglichkeiten der Mehrfachnutzung von Wasser nicht in Betracht.

4.1 Die Dublin-Leitprinzipien zu Wasser und nachhaltiger Entwicklung

Im Rahmen der Vorbereitung der Konferenz über Umwelt und Entwicklung der Vereinten Nationen 1992 in Rio de Janeiro (auch unter dem Namen »Erdgipfel« oder »Rio-Konferenz« bekannt) wurden die Dublin-Prinzipien zur Wassernutzung entwickelt (siehe Kasten, Seite 102 ff.). Sie bedeuteten eine radikale Abkehr vom bisherigen Denken und eröffneten eine neue Sicht auf die Wassernutzung. Die Dublin-Prinzipien sind getragen von der Vorstellung, dass die Wassernutzung weltweit von einem ganzheitlichen Ansatz ausgehen muss und Mensch und Natur, Wasser- und Landressourcen einschließt. Sie formuliert das menschliche Grundrecht auf Wasser und Hygiene und stellt zu Recht die zentrale Rolle, die den Frauen bei der Verbesserung der Verhältnisse zukommt, heraus. Erstmals beschäftigten sich damit die Dublin-Prinzipien mit den zentralen Themenbereichen ›Nachhaltige Entwicklung‹ und ›Wasser‹. Dem nicht genug, sie sagen auch, wie die formulierten Ziele erreicht werden sollen: Auf partizipative Weise, indem alle Betroffenen in die Lösung der Probleme einbezogen und an den Entscheidungen und Umsetzungen beteiligt werden. Für so manchen – und dazu gehörten nicht nur die Diktatoren Afrikas, des Nahen Ostens und Lateinamerikas, sondern auch traditionsreiche Demokratien Europas mit festgefahrenen Verwaltungsapparaten – war dies revolutionär. Es deckt sich nämlich weder mit den Vorstellungen noch mit der angestammten Praxis, nach der bisher die Lösung komplexer Probleme herbeigeführt wurde.

In der Vorbereitung zur Rio-Konferenz 1992
haben sich die Beteiligten auf die

Dublin-Leitprinzipien
zu Wasser und nachhaltiger Entwicklung

wie folgt geeinigt (WMO, 1992):

Gemeinsames Handeln ist gefordert, um die heutigen Trends der Verschwendung, Verunreinigung und der sich verschärfenden Bedrohung durch Fluten und Dürren umzukehren. Der Bericht der Konferenz gibt Handlungsempfehlungen auf der lokalen, nationalen und internationalen Ebene. Sie stützen sich auf die vier folgenden Leitprinzipien:

Prinzip Nr. 1 – Süßwasser ist ein beschränktes, verletzliches Gut, das absolut notwendig ist zur Erhaltung von Leben, Entwicklung und Umwelt.
Weil das Wasser das Leben trägt, benötigt eine effektive Verwaltung der Wasserressourcen einen ganzheitlichen Ansatz, der die soziale und wirtschaftliche Entwicklung mit dem Schutz der natürlichen Ökosysteme verbindet. Effektives Management verbindet die Nutzung der Land- und Wasserressourcen über ein ganzes Einzugsgebiet oder ein Grundwasseraquifer.

Prinzip Nr. 2 – Entwicklung und Management von Wasser muss ausgehen von einem partizipativen Ansatz, der auf allen Ebenen Wassernutzer, Planer und Entscheidungsträger einschließt.
Ein partizipativer Ansatz beinhaltet die Schaffung von Bewusstsein bei Entscheidungsträgern und in der Öffentlichkeit über die Wichtigkeit von Wasser. Er bedeutet auch, dass die Entscheidungen auf der niedrigst-möglichen Ebene getroffen werden, in voller Beratung durch die Öffentlichkeit und unter Beteiligung der Wassernutzer bei der Planung und Umsetzung von Wasserprojekten.

Prinzip Nr. 3 – Frauen spielen eine entscheidende Rolle bei Beschaffung, Verwaltung und Schutz von Wasser. Sie haben das Recht bei allen Entscheidungen mitzubestimmen.
Diese herausragende Rolle der Frauen als Wasserbeschaffer und -nutzer und Schützer der Umwelt wurde bei der Einrichtung der Institutionen zur Entwicklung und Verwaltung der Wasserressourcen selten bedacht. Die Einhaltung und Umsetzung dieses Prinzips benötigt positive politische Maßnahmen, um auf die spezifischen Ansprüche der Frauen eingehen zu können und um Frauen in die Lage zu versetzen, sich auf allen Ebenen, Entscheiden und Umsetzen inbegriffen, in Wasserprogrammen auf selbstbestimmte Art einzubringen.

Prinzip Nr. 4 – Wasser besitzt in allen seinen konkurrierenden Nutzungen einen ökonomischen Wert. Es sollte deshalb als ökonomisches Gut betrachtet werden.
Im Rahmen dieses Prinzips ist es zunächst von hoher Wichtigkeit, das Grundrecht aller Menschen auf Zugang zu sauberem Wasser und Grundhygiene zu einem erschwinglichen Preis anzuerkennen. Die Fehlschläge der Vergangenheit in

der Anerkennung des ökonomischen Wertes des Wassers haben zu verschwenderischer und umweltzerstörender Nutzung geführt. Ökonomisches Wassermanagement ist ein wichtiger Weg, um effiziente und gerechte Nutzung von Wasser zu erzielen sowie um Anreize zu schaffen für den sparsamen Umgang und zum Schutz der Wasserressourcen.

Die Dublin-Prinzipien zeigen in eindringlicher Weise, wie weit sich die Experten in den 30 Jahren seit den ersten technologiegetriebenen Programmen zur Verbesserung der Wassersituation auf der Erde bewegt hatten. Die Dublin-Prinzipien wurden im Rahmen der Rio-Konferenz 1992 bestätigt. Die Aufforderung, das Wasser als ökonomisches Gut anzusehen, hatte allerdings heftige Diskussionen ausgelöst. Sie dauern heute noch an. Diese Auffassung wird von vielen den neo-liberalen Denkströmungen angelastet, die alles und jedes ökonomisieren wollen. Dies liegt quer zu den kulturellen Auffassungen, die viele Kulturen zu Wasser haben. In allen alten Kulturen gilt Wasser als heilig. Dies bedeutet in aller Regel allerdings nicht, dass man es damit auch schon mit Ehrfurcht oder Respekt behandelt. Wasser ist in diesen Kulturen oft alleine deswegen schon ein religiöses Gut, weil man es eben nicht verkaufen kann.

Es ist bedauerlich, dass mit der Sonderstellung des Wassers als religiöser Gegenstand in diesen Kulturen mitnichten auch automatisch eine gesellschaftliche Verpflichtung zur Versorgung aller Menschen mit sauberem Wasser oder gar ein Verschmutzungsverbot verbunden ist. Da es keinen Besitzer hat und damit auch ein Besitzerwechsel unmöglich ist, fehlt in diesen Kulturen jeglicher Anreiz, mit Wasser sparsam oder sorgfältig umzugehen. Damit ist den ärmsten allerdings leider nicht geholfen. Aus den betroffenen Kulturen wird ins Feld geführt, dass eine Ökonomisierung der Wasserressourcen vor allem den ärmsten Teil der Bevölkerung treffen würde und deshalb unsozial sei. Diese Diskussion und ihre offensichtlichen Widersprüchlichkeiten sind typisch für die weltweite Auseinandersetzung mit den Dublin-Prinzipien und zeigen, wie weit sich inzwischen die Frage des Wassers von den rein technologischen Fragen der Wasserbereitstellung emanzipiert hat.

Auf dem zweiten Welt-Wasserforum im Jahr 2000 wurde dann die an den Anfang dieses Buches gestellte, düstere Vorahnung der zukünftigen Entwicklung der weltweiten Wassersituation verkündet (Cosgrove und Rijsberman, 2000). Man hatte in der Zwischenzeit auch wegen der andauernden und sich verstärkenden Diskussion über den Klimawandel intensive Untersuchungen über die mögliche weitere Entwicklung der Wasserressourcen angestellt. Dabei wurde erstmalig die Entwicklung der Weltbevölkerung und der Klimaänderungen gemeinsam in einer ganzheitlichen Betrachtung, also wie in den Dublin-Prinzipien gefordert, untersucht. Das Resultat dieser ganzheitlichen Betrachtungsweise war, dass die Menschheit unvermeidlich ernsthafte Wasserknappheit erfahren wird. Die Gründe dafür sind der Bevölkerungsdruck, der allgemeine Verfall der Wasserqualität, der Klimawandel und die nicht-nachhaltige Verwaltung der Wasserressourcen.

In den Ausführungen wurde mit übergroßer Deutlichkeit klar, dass trotz der Fortschritte in der Wasserversorgung und Hygiene, die in den letzten 30 Jahren erzielt wurden, 1 Milliarde Menschen ohne Zugang zu adäquatem Trinkwasser und 2,8 Milliarden Menschen ohne Zugang zu ausreichender Hygiene geblieben sind. Es ist aufrüttelnd und alarmierend zugleich, dass nach allen Anstrengungen der letzten 30 Jahre im

21. Jahrhundert immer noch Millionen von Frauen und Kindern in den Entwicklungsländern gezwungen sind, unbehandeltes Wasser aus verschiedensten, dubiosen Quellen zu sammeln, die zum Teil so weit entfernt sind, dass sie einen Großteil ihres Lebens damit verbringen, sie zu erreichen.

Ich werde an anderer Stelle in diesem Buch darauf zurückkommen, dass die Frustration und Unzufriedenheit über diese Verhältnisse ihren Ursprung nicht im Wassermangel auf der Erde, sondern in einem verfehlten, weil nicht nachhaltigen, Management der Wasserressourcen hat.

Inzwischen hat sich die Auffassung weitgehend durchgesetzt, dass die ständig wachsende Nutzung des Wassers durch den Menschen tiefgreifende Auswirkungen auf die Ökosysteme der Erde hat. Es wächst auch das Verständnis dafür, dass ein nachhaltiges, zukunftsorientiertes Management der Wasserreserven nur zu erreichen ist, wenn man das Wasser für den Menschen und das Wasser für die Natur gemeinsam betrachtet.

Die Systembetrachtung von Kapitel 1, in dem die unterschiedlichen Funktionen des Wassers auf der Erde aufgezeigt wurden, können wir nun nutzen, um die Rolle zu verstehen, die Wasser für den Menschen und für die Natur spielt. Wie sieht also eine neue Bestandsaufnahme der Wasserressourcen auf der Erde aus, wenn man sich löst von der Einstellung, dass Wasser eine Ressource ist, die ausschließlich dazu bestimmt ist, die Bedürfnisse des Menschen zu befriedigen, und dass ihre Verfügbarkeit ausschließlich eine Frage der richtigen Technologien ist?

Diese neue Bestandsaufnahme wird die Karte des Niederschlags auf der Erde in Abb. 7 nicht neu zeichnen. Sie bleibt Ausgangspunkt und Limitierung für alle weiteren Überlegungen. Die neue Bestandsaufnahme muss vor allem aber neue

Fragen stellen. Was ist aus Sicht des Lebenserhaltungssystems der Erde eigentlich eine Wasserressource? Was meinen wir eigentlich, wenn wir »Druck des Menschen auf die Wasserressourcen« sagen? Worin besteht der Druck? Haben wir bei der ganzen bisherigen Erfassung der Wasserknappheit und der Wasserverfügbarkeit überhaupt berücksichtigt, dass Wasser benötigt wird, um lebenswichtige Ökosystem-Dienstleistungen aufrechtzuerhalten, und dass Natur und Mensch damit die gleiche Ressource beanspruchen?

Doch zunächst sollten wir erfassen, wie viel Wasser auf den Festländern der Erde umgesetzt wird und wie über welche Mechanismen, im Kleinen wie im Großen, der Mensch inzwischen am Wasserumsatz beteiligt ist.

4.2 Das Wasser in Zahlen

Insgesamt fallen pro Jahr 113 500 km^3 Niederschlag auf die Landoberfläche. Das ist ein Würfel mit einer Kantenlänge von über 48 km und mutet zunächst wie eine unvorstellbar große Menge Wasser an. Aus diesem Würfel lassen sich etwa 750 Billionen Badewannen (à 150 Liter) füllen. Bei einer momentanen Weltbevölkerung von 6,5 Milliarden Menschen wären dies 320 gefüllte Badewannen pro Tag für jeden Menschen auf dieser Erde. Dies ist sicher mehr als der Mensch zum Baden braucht und beim besten Willen auch mehr als man sich üblicherweise vorstellt, pro Tag verbrauchen zu können. Wir werden allerdings im Laufe der weiteren Behandlung des Themas sehen, dass sich diese riesige Menge sehr schnell sehr stark relativieren wird.

Gegenüber dem gesamten Süßwasser auf der Erde, mit 35 Milliarden km^3 ebenfalls eine unvorstellbar große Menge, ist der jährliche Niederschlag verschwindend gering. Er macht gerade mal 3,2 Promille des gesamten Süßwassers aus. Wenn also jedes Jahr 3,2 Promille des gesamten Süßwassers vom Niederschlag ersetzt werden, dann dauert es rein rechnerisch 300 Jahre, bis das gesamte Süßwasser auf der Erde sich im Schnitt einmal ausgetauscht hat. Der Großteil des Wassers, nämlich mehr als 60 %, ist in den noch weitläufigen Gletschern der Antarktis gespeichert. 6 % befindet sich in den Gletscherschilden Grönlands und 30 % liegt in geologischen Schichten verschlossen. Es bildet dort das tiefe Grundwasser. 96 % der Süßwasserreserven sind demnach für Zehntausende von Jahren fest angelegt und entziehen sich dem menschlichen Zugriff.

In den uns vertrauten Wasserkörpern der Seen, Flüsse, Moore und Sümpfe sowie im Boden befinden sich gerade mal 3 Promille des gesamten Süßwassers der Erde. Dieses Wasser ist im Gegensatz zu den Gletschern und dem Grundwasser höchst beweglich. Die Menge des jährlichen Niederschlags und die Menge an mobilem, oberflächennahem Wasser sind mit ca. 3 Promille der Gesamtmenge in etwa gleich groß. Dies bestätigt die Erfahrung der Landwirte, dass sich im Rhythmus der Jahreszeiten die Wasserressourcen im Laufe eines Jahres austauschen. Auch wenn das jährliche Niederschlagswasser nur 3 Promille des gesamten Süßwassers ausmacht, bildet er doch unsere Lebensgrundlage.

Das Niederschlagswasser erzeugt den blauen Wasserfluss in Flüssen, Seen und Grundwasserkörpern. Er transportiert ungefähr 42 650 km^3 pro Jahr und damit rund ein Drittel der insgesamt 113 500 km^3 Niederschlag ins Meer. Der restliche Wasserfluss besteht aus Wasserdampf, der im Weg der Verdunstung von der Landoberfläche zurück in die Atmosphäre strömt. Von der Erdoberfläche bewegen sich pro Jahr ca.

70 850 km^3 Wasser durch Verdunstung zurück in die Atmosphäre. Damit ist der grüne Wasserfluss in etwa doppelt so groß wie der blaue Wasserfluss. Zwei Drittel des Niederschlags auf der Landoberfläche werden zu grünem Wasser. Wenn wir demnach die Wasserressourcen in Bächen, Flüssen und Grundwasser betrachten, sprechen wir damit über den kleineren Teil.

Das Verhältnis von blauem zu grünem Wasser bestimmt den Anteil an Niederschlag, der für die Verdunstung und damit für das Wachstum von Pflanzen genutzt werden kann. Er bestimmt aber auch den Anteil des Niederschlags, der Flüsse speist, und damit für Wasserkraft und Schifffahrt genutzt werden kann. Die angegebenen Zahlen sind ein Mittelwert für alle Landoberflächen und beinhalten Wüsten genauso wie Feuchtgebiete und Städte. Regional ist die Aufteilung des Niederschlags in blaues und grünes Wasser sehr variabel. Welche Faktoren bestimmen die Aufteilung des Niederschlags in blaues und grünes Wasser?

In Abb. 17 ist die Aufteilung des Niederschlags in blaues und grünes Wasser schematisch dargestellt. Der Strom von Niederschlagswasser, der auf die Erdoberfläche fällt, teilt sich dort auf in einen Teil, der in den Boden einsickert und einen Teil, der als Pfützen die Oberfläche anfeuchtet oder oberflächlich abfließt. An dieser Stelle befindet sich der erste Aufteilungspunkt für das Niederschlagswasser. Hier wird entschieden, wie viel Wasser in den Boden einsickert und damit wie viel Wasser der Vegetation als Bodenfeuchte zur weiteren Nutzung zur Verfügung steht. Ein zweiter Aufteilungspunkt liegt im Boden selbst. Wo die Wurzeldichte der Vegetation am größten ist, fällt die Entscheidung, wie viel grünes Wasser die Pflanzen dem Boden entnehmen und in die Atmosphäre transportieren. Das Wasser, das von der Vegetation nicht auf-

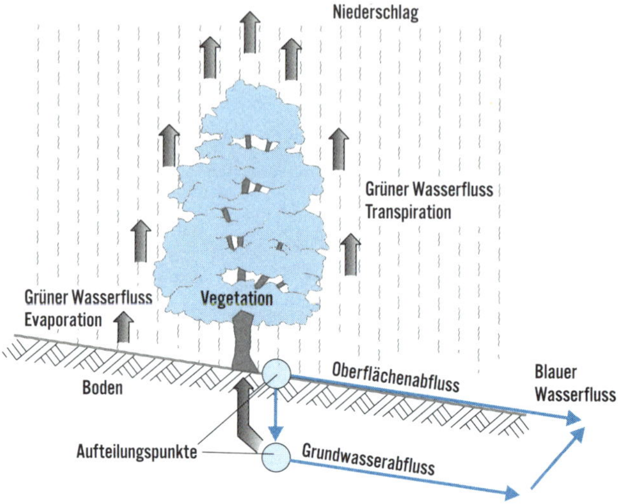

Abb. 17 Die Aufteilung des Niederschlags in blaue und grüne Wasserflüsse.

genommen wird, versickert im Grundwasser und fließt im Boden und im Grundwasser als langsamer Wasserstrom zum nächstgelegenen Bach oder Fluss.

Diese beiden Aufteilungspunkte sind Weggabelungen, an denen der Wasserstrom aus dem Niederschlag unwiderruflich unterschiedliche Richtungen einschlägt und damit unterschiedliche weitere Wege durch das Erdsystem verfolgt. Der Oberflächenabfluss und der Grundwasserabfluss vereinigen sich zum blauen Wasserstrom, die Evaporation der befeuchteten Landoberfläche und die Transpiration der Vegetation vereinigen sich zum grünen Wasserstrom.

5 Wasser und Landnutzung

5.1 Was macht der Mensch im Kleinen?

Entscheidend für die weiteren Wege, die das Wasser nimmt, ist also, was an den beiden Aufteilungspunkten genau passiert. Es ist nämlich durchaus möglich, diese Weggabelungen zu beeinflussen, indem Hindernisse aufgebaut werden, sodass der Wasserfluss in die eine oder andere Richtung gelenkt wird. Durch Verdichtung der Oberfläche, durch Erosion des Bodens, durch Abholzung der Wälder sowie durch jegliche Art der Landnutzungsveränderung kann der erste Aufteilungspunkt zugunsten oder zuungunsten des blauen oder grünen Wassers beeinflusst werden. Dies kann drastische Ausmaße annehmen, wie in Abb. 18 am Beispiel eines Kahlschlags im Harz dargestellt ist.

In Abb. 18 sind links schematisch zwei kleine, bewaldete Einzugsgebiete gezeigt. Sie liegen im Harz, waren ursprünglich beide mit Nadelwald bestanden und liegen nur 1,5 km auseinander. Dies gewährleistet, dass beide Gebiete die gleichen Niederschlagsmengen erhalten. Nachdem die forstliche Planung für eines der Gebiete für das Jahr 1957 einen Kahlschlag mit anschließender Wiederaufforstung vorsah, wurden im Jahr 1955 in beiden Gebieten Messgeräte aufgestellt. Im Sommer des Jahres 1955 konnte damit die Wirkung eines Gewitters auf den Abfluss in beiden Gebieten beobachtet werden. Auf der rechten Seite von Abb. 18 ist oben das Resultat

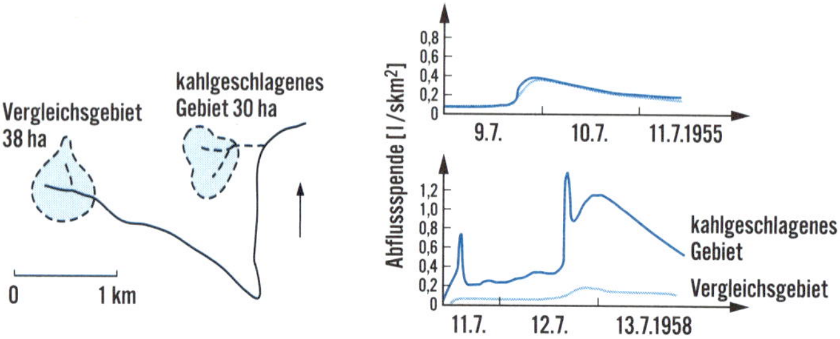

Abb. 18 Veränderung der Aufteilung des Niederschlags in blaues und grünes Wasser am Beispiel eines Kahlschlags im Harz in den 1950er Jahren.

dieser Beobachtungen zu sehen. Beide Einzugsgebiete reagierten fast identisch auf das Gewitter. Etwa eine Stunde nach Beginn des Niederschlags stieg der Abfluss zunächst steil an, um sich nach etwa zwei Tagen wieder zu normalisieren. Man kann am Verlauf dieser Kurven schön sehen, wie das Niederschlagswasser zunächst vom Boden aufgenommen wurde, langsam durch den Boden fließt und innerhalb von zwei Tagen vom Boden kontinuierlich an das Gewässer abgegeben wurde. Drei Jahre später, nachdem im Jahr 1957 ein Gebiet entwaldet wurde, ereigneten sich zur gleichen Jahreszeit an zwei aufeinanderfolgenden Tagen Sommergewitter, die beide Einzugsgebiete gleich betrafen. In der Graphik rechts unten ist das Ergebnis der dann gemachten Beobachtungen zu sehen. Das bewaldete Vergleichsgebiet reagiert ziemlich ähnlich, wie drei Jahre zuvor. Im kahl geschlagenen Gebiet hat sich aber offensichtlich die Aufteilung des Niederschlags in blaues und grünes Wasser radikal verändert. Zwei Dinge fallen beim Vergleich der Abflusskurven des kahl geschlagenen und des naturbelassenen Gebiets auf:

1. Die Abflusskurve aus dem kahl geschlagenen Gebiet zeigt gegenüber dem naturbelassenen Gebiet deutliche, steile und kurze Abflussspitzen. Diese gehen auf massive Veränderungen am ersten Aufteilungspunkt zurück. Ein Großteil des Bodens ist seiner Vegetation entblößt, die Wurzeln der Bäume fehlen und somit kann weniger Niederschlag in den Boden eindringen und der oberflächliche, schnelle Abfluss wird stärker.
2. Die Menge an Wasser, die nach dem Gewitter aus dem kahl geschlagenen Gebiet abfließt, hat sich im Gegensatz zum naturbelassenen Gebiet vervielfacht. Dies ist ein Resultat der massiven Veränderung am zweiten Aufteilungspunkt. Da die Vegetation fehlt, wird das Wasser nicht mehr vom Boden als grüner Wasserfluss in die Atmosphäre gelenkt.

Dies hat zur Folge, dass die Menge Wasser, die durch den Boden in die Gewässer fließt, bedeutend größer wird. Wenn man den Verlauf der Kurven genauer betrachtet, kann man sogar erkennen, wie der Boden am ersten Tag auf das Gewitter relativ träge reagiert, das Niederschlagwasser noch zu einem gewissen Teil speichert und kaum zusätzliches Wasser abgibt. Am zweiten Tag ist klar zu sehen, dass er sich im Laufe des Gewitters mit Wasser auffüllt und in einer hohen, geschwungenen Kurve ausläuft.

Das Geschehen an den beiden Aufteilungspunkten entscheidet offensichtlich darüber, was mit dem Niederschlagwasser weiter geschieht. Während im Jahr 1955 ein Großteil des Niederschlagwassers gespeichert wurde und durch die Vegetation geflossen ist, ist 1958 der größte Teil des Niederschlagwassers über den Boden oder durch den Boden geflossen. Hinzu kam dabei noch eine starke Beschleunigung des Abflusses, weil die Bäume als Hindernis fehlten. Das Niederschlagwasser stand damit auch nur kurze Zeit als blaues Wasser zur Nutzung zur Verfügung.

Dieses kleine Beispiel verdeutlicht, an welchen Stellen im Wasserkreislauf der Mensch eingreift. Es sind die Landnutzungsentscheidungen, die in hohem Maß die Dynamik des Wassers auf der Landoberfläche bestimmen. Indem die Landnutzung an den beiden zentralen Aufteilungspunkten zwischen blauem und grünem Wasser, an der Erdoberfläche und im Boden, angreift, ändert sie den gesamten Wasserkreislauf. Jeder Wechsel des Vegetationstyps, jeder Wechsel der Pflanzenart, jede Veränderung in der Anbaupraxis verändert auch die Aufteilung zwischen blauem und grünem Wasser.

Das erste Beispiel ist dem Bereich der Forstwirtschaft entnommen und zeigt, welch gravierende Auswirkungen eine Veränderung der Landnutzung auf den lokalen Wasserhaushalt haben kann. Weltweit gleichbedeutend, wenn nicht sogar bedeutender ist die Veränderung der Landoberfläche durch die Einführung, Entwicklung und Expansion der Landwirtschaft.

Abb. 19 zeigt die drastische Veränderung des blauen Wasserstroms durch die Änderung der Landnutzung in zwei unterschiedlichen Regionen der Erde. Links ist die Entwicklung einer Waldfläche im amerikanischen Mittelwesten gezeigt, die nach der Besiedlung im 19. Jahrhundert zunächst gerodet und als Weideland genutzt wurde, danach zu Maisanbaufläche wurde und nun als Ödland nur noch für eingeschränkte Viehweide nutzbar ist. Während aus dem ursprünglichen Wald nur 12 % des Niederschlags als blaues Wasser abflossen und 88 % als grünes Wasser in Form von Verdunstung der Atmosphäre wieder zugeführt wurde, reduziert sich dieser Wert sogar, wenn man die Fläche rodet. Der nachfolgende Maisanbau lässt allerdings den Anteil des Niederschlags, der zu blauem

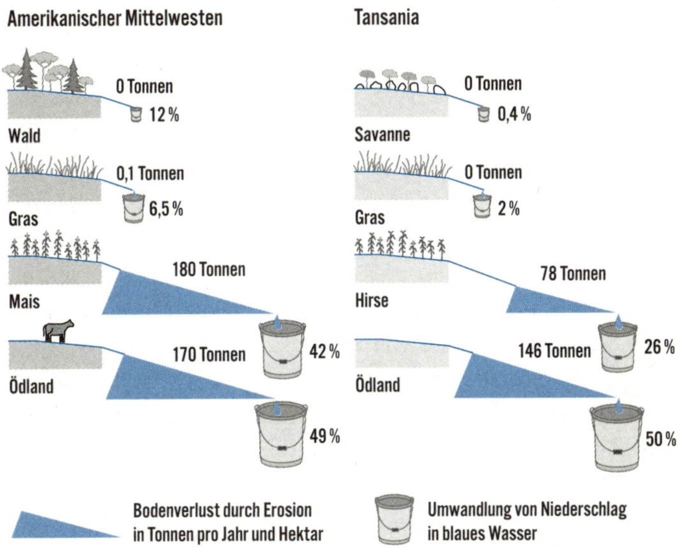

Abb. 19 Ergebnisse von Untersuchungen zum Einfluss der Landnutzung auf die Aufteilung des Niederschlags in blaue und grüne Wasserströme sowie die Menge an erodiertem Material in Tonnen pro Hektar im amerikanischer Mittelwesten und in Tansania (nach Rapp, 1972).

Wasser wird, auf 42 % ansteigen. Die folgende Degradierung zu Ödland vergrößert den Anteil sogar nochmals auf 49 %. Mit dieser Umwandlung ist ein massiver Anstieg der Erosion verbunden. Diese ist unter Wald in der Regel nicht messbar. Sie steigt schon bei Gras auf 100 kg pro Hektar und Jahr an, um bei Mais 180 Tonnen und bei Brache 170 Tonnen zu erreichen. Ein ähnliches Bild bietet sich, wenn man die Folgen menschlicher Eingriffe auf den Wasserhaushalt in einer ganz anderen Region der Welt betrachtet. In der rechten Spalte der Abb. 19 ist die Transformation von Savanne in Brache über

Rodung, Grasland und Hirseanbau in Tansania dargestellt. Wegen des tropischen Klimas vermag die dort vorherrschende Savanne 99,6 % des Niederschlags zu verdunsten. Dieser Wert sinkt bei Grasbedeckung auf 98 %. Erst eine Umwandlung in Ackerland und die Einführung der Hirse erhöht den blauen Wasserfluss auf 26 % des Niederschlags. Das Ödland, das hier nach der Zerstörung des Landes durch den Hirseanbau und die resultierende Erosion übrig bleibt, verhält sich dann im tropischen Tansania kaum anders als im gemäßigten Mittelwesten der USA. Mit der Erosion verhält es sich in Tansania ebenfalls ähnlich wie in den USA. Auch hier werden sehr große Mengen an Bodenmaterial vom Oberflächenabfluss abtransportiert und gehen damit der weiteren Nutzung durch die Landwirtschaft verloren.

Die Beispiele zeigen nochmals in eindringlicher Weise die zentrale Bedeutung der beiden in Abb. 17 dargestellten Aufteilungspunkte und die Bedeutung der Vegetation für die weitere Nutzung des Niederschlags. Der erste Aufteilungspunkt entscheidet über die Menge Wasser, die in den Boden infiltriert. Die Vegetation beeinflusst gleich über mehrere Faktoren die Infiltration und damit die Menge des Oberflächenabflusses. Untersuchungen an unterschiedlichen Pflanzenarten und Ökosystemen zeigen, dass die Wurzellänge und Dichte des Wurzelgeflechtes, die Blattfläche der Vegetation, die Menge an abgeworfenen Blättern sowie die Beeinflussung der Mikrobiologie durch die Vegetation die wichtigsten Faktoren für die Aufnahmefähigkeit der Bodenoberfläche für das Niederschlagwasser sind.

Am zweiten Aufteilungspunkt gehen Boden, Vegetation und Klima eine komplexe Wechselwirkung ein. Sie bestimmt die Aufteilung zwischen grünem Wasserfluss und unterirdischem blauen Wasserfluss. Auch hier bilden die Wurzeln mit ihrer Fähigkeit, gleichzeitig den Boden aufzulockern und Wasser aufzunehmen, einen bestimmenden Faktor für den weiteren Weg des Wassers aus dem Bodenspeicher. Wie aber Abb. 19 schon zeigt, sind Energiezufuhr, Temperatur und Luftfeuchte ebenso wichtige Faktoren, die die Verdunstungsmenge klimatisch regeln. So bewirkt hohe Transpiration der Savanne im tropischen Tansania, dass mehr als 99 % des Niederschlags wieder verdunsten kann. Dieser Wert wird in den USA aus klimatischen Gründen nicht erreicht. Die Anzahl der Niederschlagereignisse und damit die Anzahl der Befeuchtungen des Bodens und der Blätter durch Niederschlagwasser ist für den unproduktiven grünen Wasserfluss, die Verdunstung der Boden- und Blattoberfläche, ähnlich bestimmend wie die Beschattung des Bodens durch die Vegetation. Mit jedem Niederschlag geht durch die oberflächliche Verdunstung, die ja nicht zum Wachstum der Vegetation beiträgt, wertvolles Niederschlagwasser unproduktiv verloren.

Neben den physikalischen und biologischen Faktoren, die an den beiden Aufteilungspunkten wirken und die Transportpfade des Wassers durch die Biosphäre festlegen, haben die Bewirtschaftungspraktiken der Landwirte einen entscheidenden Einfluss auf die Aufteilung. Die Oberflächenbehandlung des Bodens durch Pflügen, Eggen, Mulchen und Fruchtwechsel bestimmen zu einem hohen Grad die Aufnahmefähigkeit der landwirtschaftlichen Böden für Niederschlag und damit das Verhalten des Aufteilungspunktes 1. Unangepasstes Pflügen bei sehr feuchten Bedingungen und mit schwerem Bearbeitungsgerät führt zu Bodenverdichtung und reduziert damit den Anteil der Infiltration am Niederschlag um bis zu 90 %. Dies zieht gleichzeitig einen entsprechenden Anstieg des Oberflächenabflusses von den falsch gepflügten Flächen nach sich. Wenn er zu stark verdichtet ist, können Wurzeln den verdichteten Boden nicht mehr durchdringen, was sich negativ auf die Nährstoffversorgung und das Wachstum der Pflanzen auswirkt.

Am Aufteilungspunkt 2 greift der Landwirt vor allem über das Ertragsmanagement ein. Richtige Sortenwahl, Düngung und Schädlingsbekämpfung sorgen dafür, dass die Pflanzen optimale Wurzeln und Blätter ausbilden und damit die Transpiration optimal steuern können. Die Pflanzen sind dann in der Lage, die verfügbaren Bodenwasserressourcen maximal auszuschöpfen.

In den tropischen Savannen Afrikas mit ihren oft langen Trockenperioden und kurzen Regenzeiten ist der nichtproduktive grüne Wasserfluss der Evaporation von der Erdoberfläche nach den kurzen aber heftigen Niederschlägen oft der mengenmäßig größte Wasserstrom. Dies liegt daran, dass unter diesen natürlichen Bedingungen die Niederschläge nicht ausreichen, um eine Vegetationsdecke so lange zu versorgen, dass sie reifen und Samen produzieren kann. Ist dies nicht möglich, wird auch keine permanente Vegetationsdecke ausgebildet. Die Evaporation ist damit in diesen Regionen schneller als die Transpiration und »schnappt« damit der Vegetation das Wasser weg. Zur Reduzierung des unproduktiven grünen Wasserstroms von der Erdoberfläche bieten sich hier Bewirtschaftungspraktiken an, die das Mikroklima direkt an der Oberfläche so verändern, dass die Evaporation reduziert wird und Pflanzen damit eine Chance bekommen, das infiltrierte Wasser zur Transpiration zu nutzen. Zu diesen Praktiken gehört vor allem die Bedeckung der Oberfläche mit Mulch. Aber auch das Unterpflügen des oberflächlichen Bodens, nachdem er von einem Niederschlag angefeuchtet wurde, verhindert, dass das Regenwasser sofort wieder verdunsten kann.

Wie Abb. 19 vermuten lässt, sind die beschriebenen Mechanismen bei der Aufteilung des Niederschlags in blauen und grünen Wasserfluss universell gültig. Sie unterscheiden sich nicht prinzipiell von Land zu Land oder Klimaregion zu Klimaregion. Die Aufteilungsmechanismen und Weggabelungen sind aber auch auf allen betrachteten Maßstäben wirksam. Sie beeinflussen die Lebensbedingungen der einzelnen Pflanzen, den privat bewirtschafteten Vorgarten, den landwirtschaftlichen Kleinbetrieb in China mit einer Flächengröße von einem Zehntel Hektar, den landwirtschaftlichen Großbetrieb in den USA, in Kanada, Brasilien oder Ostdeutschland, mit Feldgrößen von bis zu mehreren tausend Hektar und nicht zuletzt ganze Flusseinzugsgebiete von Hunderttausenden bis zu Millionen Quadratkilometern. Über sie und die Wahl der Landnutzung übt der Mensch massiven Einfluss auf die Verfügbarkeit des Wassers aus.

Ein extremes, und wenn es für die betroffenen Menschen nicht so gravierend wäre, kurioses Beispiel für eine Veränderung der Wasserverfügbarkeit ist die Region Cherrapunja in Indien. Cherrapunja liegt in den feuchten Tropen und wird oft als die »feuchteste Wüste der Erde« bezeichnet. Die Niederschläge sind in der Region mit 11 400 mm pro Jahr sehr reichlich. Sie liegen beim 12fachen dessen, was in Deutschland pro Jahr an Niederschlag fällt. Trotzdem leidet die Region unter massiver Wasserknappheit. Was ist passiert? Die Gründe für diese Wasserknappheit liegen zum einen in der großen Variabilität der Niederschläge im Jahr. Eine ausgeprägte Trockenzeit, in der man auf gespeichertes Wasser angewiesen ist, wechselt mit einer sehr intensiven Regenzeit, in der man alle Speicher leicht füllen könnte. Aufgrund der fast vollständigen Landschaftszerstörung durch den Menschen sind aber fast alle natürlichen Speicher inzwischen verschwunden. Die Abholzung der ursprünglichen Wälder hat nämlich im gesamten Gebiet die Bodenoberfläche den intensiven tropischen Niederschlägen ausgesetzt. Das Resultat war eine dramatische Veränderung im Verhalten des ersten Aufteilungspunktes an der Bodenoberfläche. Es veränderte sich, wie in Abb. 18, von einem hohen Anteil an Infiltration zu einer vorwiegenden Produktion von Oberflächenabfluss. Dieser Oberflächenabfluss sorgte für vermehrte Erosion, bis der ursprünglich vorhandene Boden abgetragen war und die Oberfläche zumindest an den Hängen aus nacktem Fels bestand. Damit hat die Erdoberfläche ihre Fähigkeit verloren, Wasser zu speichern. Niederschläge fließen nun in der Regenzeit in Form von Sturzfluten blauen Wassers so schnell ab, dass an ihre Nutzung oder Speicherung mit der verfügbaren Infrastruktur nicht mehr zu denken ist. Das Wasser ist dann weg. Ohne verfügbares Wasser wird die Region damit trotz der hohen Niederschläge für den Menschen zur Wüste. Erst der Ersatz des ursprünglich reichlich vorhandenen Bodenspeichers durch den Bau großer Speicher in Form von Talsperren und Stauseen könnte die Lage wieder stabilisieren und über ein Wiederaufforstungs- und Landwirtschaftsprogramm langfristig auch den zerstörten Boden wieder revitalisieren. An die Bereitstellung der dafür benötigten Mittel ist allerdings nicht zu denken.

5.2 Was macht der Mensch im Großen?

Im vorherigen Abschnitt stand im Vordergrund der Betrachtung, wie die Aufteilung des Wassers in blaue und grüne Wasserströme punktuell an der Erdoberfläche und im Boden vonstatten geht. Es wurde dabei zumindest prinzipiell klar, mit welchen Mechanismen und an welchen Weggabelungen menschliche Eingriffe den Wasserkreislauf verändern können und dabei mit vergleichsweise wenig Aufwand offensichtlich große Wirkung erzielen. Die beschriebenen Mechanismen fügen sich ein in das Bild, das am Beispiel des Aralsees und des Einzuggebiets des Nil von wasserbaulichen Großprojekten gezeichnet wurde. In beiden Fällen war das Ziel der Wasserbauwerke eine Umleitung der natürlichen Wasserströme hin zu mehr grünem Wasser.

Die Klärung der Zusammenhänge zwischen grünen und blauen Wasserströmen, die Motive des Menschen für ihre Umlenkung und der Wert der aus der Umlenkung gewonnenen Produkte ist der Schlüssel für das Verständnis der Belastung des Wasserkreislaufs und damit des gesamten Lebenserhaltungssystems durch den Menschen. Schließlich geschieht die dynamische Veränderung der Erde ja nicht zum Zeitvertreib, sie ist notwendig, um das Überleben einer großen menschlichen Population zu gewährleisten.

An dieser Stelle drängen sich nun grundlegende, über die Fallbeispiele und die punktuellen Betrachtungen der Aufteilung des Niederschlags hinausgehende Fragen auf. Wie sahen die ursprünglichen, natürlichen blauen und grünen Wasserströme auf der Erde aus? Welche Beziehung besteht zwischen dem Strom grünen Wassers und der Landnutzung, die über die Produktion landwirtschaftlicher Produkte die Nahrungsmittelversorgung der Menschheit sicherstellt? Was bekommt man eigentlich in Form von Nahrungsmittel für die Bewirtschaftung der blauen und grünen Wasserströme? Schließlich war im Großen die massive Umlenkung in den beiden gezeigten Beispielen Aralsee und Nil ja mit ebenso massiven Investitionen verbunden. Wie hat sich weltweit die Landnutzungsänderung abgespielt, und welche Optionen bleiben für die Zukunft?

Ein ganzes Bündel von Fragen. Sie führen uns zurück zur engen Kopplung des Wasserkreislaufs und des Kohlenstoffkreislaufs, der ein Charakteristikum der Erde ist und den wir in Kapitel 1 aus der Sicht des Lebenserhaltungssystems der Erde kennengelernt haben. Betrachten wir diese Kopplung nun aus der Sicht des Menschen! Der Mensch hat schon früh in seiner Entwicklung verstanden und gelernt, sie für sich zu nutzen. Sie ist Grundlage der Landwirtschaft, also der gezielten, über die natürliche Produktivität hinausgehenden Produktion von Biomasse. Dazu hat er neben der Veränderung der Pflanzen durch Züchtung vor allem gelernt, Wasser gezielt und strategisch einzusetzen.

Dies beruht auf einem einfachen aber fundamentalen Zusammenhang. Die pflanzliche Netto-Primärproduktion, d. h. die Menge an Kohlenstoff, die sie der Atmosphäre entnimmt und zum Aufbau von Biomasse nutzt, ist nämlich direkt und annähernd linear mit dem grünen Wasserfluss durch die Pflanze verknüpft. Dies gilt sowohl mit als auch ohne den Einfluss des Menschen. Eine Vergrößerung der Biomasseproduktion durch die Vegetation als Folge von z. B. erhöhter Sonneneinstrahlung, günstigerer Temperaturen oder einer verlängerten Wachstumsperiode führte schon immer zwangsläufig auch zu einer entsprechenden Vergrößerung des grünen Wasserflusses durch die Pflanzen.

Die Stomata in den Blättern sorgen, wie in Abb. 8 dargestellt, für den Gasaustausch mit der Atmosphäre und geben, wenn CO_2 aufgenommen wird, gleichzeitig auch Wasserdampf ab. Sind sie geschlossen, unterbleibt der grüne Wasserstrom, es kann dann aber auch kein CO_2 aufgenommen werden. Damit kommt das Pflanzenwachstum zum Erliegen. Das Öffnen der Stomata zur CO_2-Aufnahme und damit das Wachstum ist dann aber umgekehrt auch unweigerlich und unvermeidbar mit einem Strom grünen Verdunstungswassers aus den Blättern verbunden. Da die Aufnahme von CO_2 und die Abgabe von Wasserdampf dieselben Blattöffnungen benutzen, ist es nicht verwunderlich, dass beide Flüsse eng miteinander verbunden sind.

Diese enge Verbindung zwischen beiden Flüssen wird durch den Transpirationskoeffizienten ausgedrückt. Der Transpirationskoeffizient gibt an, wie viel Liter grünen Wassers bei der Transpiration einer Pflanze benötigt werden, um 1 kg Trockenmasse zu erzeugen.

Tab. 4 zeigt für ausgewählte Pflanzen die Werte des Transpirationskoeffizienten. Hierbei werden C3-Pflanzen, C4-Pflanzen und Bäume unterschieden. C3- und C4-Pflanzen unterscheiden sich hauptsächlich in der Art, wie die Fotosynthese aus CO_2 und Wasser Trockenmasse produziert. Die transpirierte Wassermenge, um 1 kg Trockenmasse zu produzieren, bewegt sich für die aufgeführten C3-Nutzpflanzen der linken Spalte zwischen ca. 500 und 800 Liter. Die rechte Spalte zeigt, dass sowohl Laub- wie auch Nadelbäume zwischen 170 und 340 Liter Wasser transpirieren, um 1 kg Trockenmasse zu erzeugen. Ähnlich sind die Verhältnisse auch bei C4-Pflanzen, wie Mais und Hirse, bei denen sich der Transpirationskoeffizient bei etwa 300 l / kg Trockenmasse bewegt.

Aus Tab. 4 ergibt sich zunächst als wichtige Erkenntnis, dass die Wassermengen, die zum Aufbau von Biomasse benötigt werden, erstaunlich groß sind. Um 1 kg Trockenmasse zu erzeugen und damit ca. 750 g CO_2 aus der Atmosphäre zu entnehmen, müssen z. B. Kiefern den Inhalt von zwei gefüllten Badewannen (à ca. 150 Liter) aus dem Boden aufnehmen und in die Atmosphäre transportieren. Darüber hinaus fällt bei Betrachtung von Tab. 4 auf, dass der grüne Wasserstrom, der aufrechterhalten werden muss, um 1 kg Trockenmasse zu er-

Transpirationskoeffizient (l/kg Trockenmasse)		Transpirationskoeffizient (l/kg Trockenmasse)	
C3-Pflanzen		**Laubbäume**	
Reis	680	Eiche	340
Roggen	630	Birke	320
Weizen	540	Buche	170
Gerste	520		
Kartoffel	640	**Nadelbäume**	
Sonnenblume	600	Kiefer	300
C4-Pflanzen		Lärche	260
Mais	370	Fichte	230
Hirse	300	Douglasie	170

Tab. 4 Richtwerte für Transpirationskoeffizient (l/kg Trockenmasse) ausgewählter Natur- und Kulturpflanzen. Die Werte können je nach Standort variieren.

zeugen, bei den häufigsten Kulturpflanzen (außer den C4-Pflanzen) mehr als doppelt so hoch ist, wie bei den Wäldern. Wälder sind also die bedeutend effizienteren CO_2-Kontrolleure als Grasländer oder die meisten landwirtschaftlich genutzten Flächen.

Eine Umwandlung von Wäldern in Grasländer bzw. Ackerland verändert das Verhältnis zwischen Wasserverbrauch und CO_2-Entnahme aus der Atmosphäre. Der Wasserdampf, der durch den Transpirationsprozess in die Atmosphäre abgegeben wird, und das CO_2, das durch den Fotosyntheseprozess aus der Atmosphäre entnommen wird, sind beide Treibhausgase. Die Vegetation gibt also, indem sie ein Treibhausgas (CO_2) zur Aufrechterhaltung ihrer Lebensfunktionen und zum Wachstum aufnimmt, ein anderes Treibhausgas (H_2O) an die Atmosphäre ab. Sie balanciert die Konzentrationen der beiden Treibhausgase in der Atmosphäre und hält dadurch im

Regelkreis des Erdsystems die Temperatur der Erde in einem vegetationsfreundlichen Bereich. An dieser Stelle befinden wir uns also an der Nahtstelle der für die Erde so charakteristischen Verkopplung von Wasserkreislauf und Kohlenstoffkreislauf.

Auf welche Weise hat der Mensch sich nun diese Nahtstelle zwischen Kohlenstoffkreislauf und Wasserkreislauf zunutze gemacht?

Die Vegetation auf der Erde hat sich langsam entwickelt und immer wieder verändert. Die ursprünglichen Vegetationsverteilungen auf der Erde haben sich immer wieder wechselnden Niederschlags-, Temperatur- und Bodenverhältnissen langsam angepasst. Sie boten einer nur geringen Anzahl von Tieren, wie später auch Menschen genügend Nahrungsmittel, um zu überleben. Weder in den ursprünglichen Sümpfen und Wäldern Mitteleuropas, noch in den Savannengebieten Afrikas und in den tropisch feuchten Regionen Asiens war die ursprüngliche Vegetation ergiebig genug, um mehr als einem Menschen pro Quadratkilometer Nahrung zu liefern. Erst die Nutzung der Erdoberfläche durch gezielte Umwandlung der natürlichen Vegetation in nahrhaftere Pflanzen machte eine Erhöhung der Bevölkerungsdichte möglich. Der Übergang der menschlichen Kulturen von reiner Sammlung zu gezielter Produktion von Nahrungsmitteln, die Hahlbrock in seinem Buch *Kann unsere Erde die Menschen noch ernähren?* (Hahlbrock, 2007) beschreibt, war damit zwangsläufig mit einer Veränderung in der Vegetationszusammensetzung verbunden. Dies geschah vorwiegend durch die Umwandlung von Wald in so genanntes Kulturland sowie die Erschließung der Trockengebiete durch Bewässerungstechnik. Das Kulturland wurde mit gezüchteten Pflanzensorten bebaut, mit deren Hilfe aus einem Quadratkilometer bedeutend mehr Nahrungsmittel-Ertrag geschöpft werden konnte, als zuvor. Einer schwunghaften, exponentiellen Vermehrung der Menschen stand somit nichts mehr im Wege.

Umwandlung von Wald in Kulturland hat allerdings Konsequenzen für das Erdsystem. Wie Tab. 4 zeigt, verschiebt sich damit nämlich der Zusammenhang zwischen Kohlenstoffkreislauf und Wasserkreislauf. Um die gleiche Menge des Treibhausgases CO_2 aus der Atmosphäre zu entfernen, benötigt man im Fall der C3-Gräser die doppelte Menge Wasser als beim Wald. Landnutzungsveränderungen und vor allem die Umwandlung von Wäldern in Kulturland sind deshalb vom Grundsatz her nicht neutral in Bezug auf die Regulierung der Treibhausgaskonzentrationen. Indem der Mensch die Landnutzung verändert, um die Nahrungsmittel für sein Überleben zu produzieren, beeinflusst er also die Funktionsfähigkeit des Lebenserhaltungssystems der Erde.

Nun könnte man sagen, die Natur hat die Vegetationszusammensetzung auf der Erde immer schon verändert, schon lange bevor der Mensch auf der Erde überhaupt existierte. Warum soll es also der Mensch als Teil der Natur dann nicht tun? Der Standpunkt klingt zunächst berechtigt. Die natürlichen Veränderungen der Vegetation unterscheiden sich allerdings in einem entscheidenden Punkt von den Veränderungen, die der Mensch verursacht. Veränderungen durch Natur und Mensch haben unterschiedliche Ziele. Er sollte deshalb bei den Veränderungen zumindest mit der gebotenen Vorsicht zu Werk gehen.

Die Entwicklung der natürlichen Vegetationsverteilung auf der Erde erzählt die Geschichte von der laufenden Anpassung der Pflanzen an die Folgen von natürlichen Umweltveränderungen. Sie traten aufgrund von Eiszeiten und Warmzeiten, Meteoriteneinschlägen oder Vulkanausbrüchen auf. Die Anpassung selbst hat dann wieder neue Umweltbedingungen geschaffen, an die sich die Vegetation wieder angepasst hat. So entstand ein natürlicher Regelmechanismus, der offensichtlich und erstaunlicherweise so funktioniert, dass trotz aller, zum Teil gravierender externer Einflüsse die Erde als Ganzes in den letzten drei Milliarden Jahren den dritten, durch das Leben regulierten energetischen Gleichgewichtszustand nie verlassen hat (siehe Abb. 5). Natürliche Veränderungen in der Bedeckung der Erde mit Vegetation sowie in ihrer funktionalen Artenzusammensetzung dienten zur Stabilisierung des Lebens auf der Erde. Die natürliche Vegetation auf der Erde »weiß« quasi selbst, wie sie sich als Reaktion auf einen äußeren Einfluss verändern muss, um sich und die Erde zu stabilisieren und damit überleben zu können.

Die Ziele der vom Menschen verursachten Landnutzungsveränderungen waren bisher von gänzlich anderer Natur. Hier ging und geht es nicht um die Erhaltung des dritten Gleichgewichtszustandes, sondern zuvorderst um zielgerichtetes Handeln zur Vergrößerung der Anzahl menschlicher Individuen. Die dazu notwendige gezielte Steigerung der Nahrungsmittelproduktion weit über das präindustrielle Maß hinaus wurde vom Erdsystem nicht »freiwillig« erbracht. Sie ist nicht Teil des Programms der Naturpflanzen. Die Vergrößerung der Ernteerträge wurde und wird vielmehr der Natur mühsam abgerungen. Es ist deshalb auch nicht verwunderlich, dass dieser Prozess mit einer weitgehenden Umstrukturierung der Natur verbunden ist. Er ist im Laufe von Jahrtausenden menschlicher Entwicklung in großem Stil gelungen, indem die gezielte Züchtung von Hochleistungspflanzen, die Erfindung von Produktionsverfahren zur Erzeugung von Kunstdünger und Pestiziden und massive Umgestaltung der Vegetation der Erde zusammengeführt wurden.

Landnutzungsveränderungen, die durch den Menschen hervorgerufen werden, sind damit offensichtlich nicht Teil des lebenserhaltenden Regelkreises der Natur, der die Erde so lange im dritten Gleichgewicht gehalten hat. Sie unterscheiden sich fundamental von natürlichen Anpassungsprozessen aufgrund von Umweltveränderungen.

5.3 Wie verändert der Mensch die globale Landnutzung?

Umfangreiche Untersuchungen und Rekonstruktionen der weltweiten Aktivitäten der Menschen in den letzten 300 Jahren beantworten diese Frage inzwischen recht lückenlos. Die Entwicklung ist in Abb. 20 zusammenfassend gezeigt.

Abb. 20 zeigt die Veränderung der großen Landnutzungskategorien Ackerland, Weideland, Wald und »andere« in den

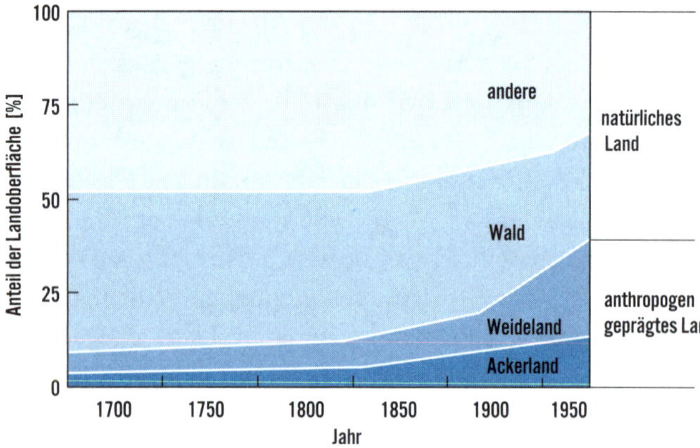

Abb. 20 Weltweite Veränderung der Landnutzung seit 1700 (aus Geographie, 2007, nach Steffen, 2004).

letzten 300 Jahren. In dieser Graphik wird Ackerland und Weideland als anthropogen geprägtes Land, Wald und »andere« werden als natürliches Land bezeichnet. Unter der Rubrik »andere« verbergen sich Wüsten, Wasserflächen, Moore, natürliche Grasflächen, Eisflächen sowie natürliche Ödländer in Hochgebirgen. Zunächst fällt in Abb. 20 vor allem die starke Verschiebung zwischen den Kategorien »anthropogen geprägtes Land« und »natürliches Land« auf. Lag der Anteil vom Menschen geprägten Landes um 1700 unter 10 % der Landoberfläche, so liegt er heute bei 40 %.

Das Ackerland, vor allem aber das Weideland haben im letzten Jahrhundert stark zugelegt. Dies geschah hauptsächlich auf Kosten der Wälder, die in ihrem Anteil von 45 % auf 25 % zurückgingen aber auch auf Kosten der Kategorie »andere«. Hier haben sich vor allem die natürlichen Grasflächen auf Kosten des Weidelandes von vormals 48 % auf nun 35 % der Landoberfläche der Erde verringert. Was waren die Mechanismen, die dazu geführt haben?

Mit der Domestizierung der Nutztiere, der Etablierung der Landwirtschaft und der Entwicklung der Bewässerung standen dem Menschen drei Instrumente zur Verfügung, um die Landnutzungsveränderung auf der Erde voranzutreiben. Sie bewegte sich damit fortan auch in drei Stoßrichtungen.

5.4 Menschen waren Nomaden

Zum einen hat der Mensch versucht, die Trockengebiete der Erde, und das sind vor allem die Wüstenränder, stärker zu nutzen. In diesen Savannen- und Steppenregionen, zu denen der nördliche Sahel in Afrika, weite Teile des südlichen mittleren Westens und Westens der USA, die weiten Grasländer

Südamerikas und große Flächen im Norden Chinas zählen, fällt zu wenig und zu unregelmäßig Niederschlag, um Landwirtschaft dauerhaft zu etablieren. Dort wächst deshalb die Vegetation nur spärlich, oft gibt es keine geschlossene Vegetationsdecke und damit große Lücken zwischen den Pflanzen. Durch den Wassermangel wächst die Vegetation langsam und entwickelt einen hohen Anteil an Zellulose und vor allem Lignin, der als Stützmaterial die Pflanze in Trockenzeiten stabilisiert.

In den Trockengebieten der Erde sind es vorwiegend domestizierte und manchmal noch wilde Tiere, die als Quelle der Nahrungsmittel der dort lebenden Menschen dienen. Die genutzten Tierarten verfügen allesamt über eine Fähigkeit, die Menschen nicht besitzen. Sie sind in der Lage, Zellulose als wichtigen Bestandteil der Vegetation in den Trockengebieten als Nahrungsmittel zu verwerten. Die Zellulose ist für den Menschen unverdaulich. Sie hat damit für uns keinen Brennwert, keine Kalorien und wird in der menschlichen Ernährung als Ballaststoff angesehen. Menschen können in diesen Trockenregionen also nur einen kleinen Teil der dort spärlich wachsenden Vegetation verwerten. Vor allem bei abnehmenden Niederschlägen am Rand der Wüste gelangt der Mensch beim Sammeln der täglich erforderlichen Nahrungsmittel schnell an seine Grenzen. Neben der Unfähigkeit, Zellulose zu verdauen, plagt ihn nämlich noch ein zweites Handicap. Als Zweibeiner mit aufrechtem Gang ist er nicht in der Lage, mit höheren Geschwindigkeiten große Strecken zurückzulegen und dabei gleichzeitig die Vegetation abzugrasen. Die vom Menschen benötigten Nahrungsmittel zur Deckung seines Energiebedarfs von mindestens 2500 kcal pro Tag müssen damit in einem relativ engen Areal von etwa 3 km oder 45 Minuten Gehzeit um seine Behausung nachwachsend verfügbar sein, damit er in der Lage ist, sie an einem Tag auch aufzunehmen. Sie sollten darüber hinaus möglichst wenig Zellulose und möglichst viel Kohlenhydrate und Eiweiße enthalten. Es bedarf einer Vegetationsdichte, die von einer Regenmenge von mindestens 500 mm pro Jahr hervorgebracht wird, um Menschen auf der Grundlage ihrer eigenen Fähigkeiten tragen zu können. Liegt der jährliche Niederschlag darunter, ist die Vegetation so spärlich, dass der Mensch zu große Strecken zurücklegen muss, um davon satt zu werden. Für diesen Fall erfand er die Nutzung von Tieren, die genau die Fähigkeiten aufweisen, die ihm fehlen. Die genutzten Tiere sollten in der Lage sein, gleichzeitig laufen und fressen zu können und sie sollten in der Lage sein, Zellulose zu verarbeiten. Sie sollten auch noch über eine dritte, wichtige Eigenschaft verfügen. Um die von den Tieren im Laufe des Tages in Milch, Fett und Eiweiß umgewandelte gegraste Biomasse nutzen zu können, musste man dafür sorgen, dass die Tiere regelmäßig wieder zum Menschen zurückkamen.

Die Viehhaltung war erfunden. Sie hat sich zunächst vor allem an den Wüstenrändern durchgesetzt und ist mit Nomadismus verbunden. Die Tiere decken dabei einen Radius von mindestens 10–20 km pro Tag fressend ab. Sie sind damit in der Lage, bedeutend mehr Vegetation zu ernten, als der Mensch es jemals könnte, und nutzen damit in den Trockengebieten auch eine bedeutend größere Wassermenge aus. Sie werden für die Nacht in schützende, umzäunte Areale getrieben und für den Nahrungsbedarf der Menschen gemolken bzw. geschlachtet. Würden die Tiere in diesen Regionen die gleiche Fläche am nächsten Tag wieder beweiden, wäre zu wenig Gras für ihr Überleben da. Die Tiere und die Menschen sind also in diesen unproduktiven Regionen zur Befriedigung ihres Kalorienbedarfs darauf angewiesen, weiterzuziehen und laufend neue Weidegebiete zu finden. Das menschliche Überleben basiert in diesen Regionen damit auf seinem durch den Einsatz der Tiere als »autonome Fressmaschinen« und Kaloriensammler stark erweiterten Aktionsradius. Durch die Tiere besitzt er einen Mechanismus, der täglich die Nahrungsmittel einer großen Region erntet. Das Wachstum der abgegrasten Vegetation basierte auf einem Strom grünen Wassers, der wegen des spärlichen Regens allerdings klein ist. Die Haltung der Tiere verschafft dem Menschen Zugang zu diesen geringen grünen Wasserströmen, die er selbst nicht für seine Ernährung hätte nutzen können. Ein großer Teil der Kalorien, die in der abgegrasten Vegetation stecken, wird bei dieser Strategie allerdings von den Tieren selbst verbraucht. Nur ein kleiner Teil wird als Milch, Fett und Eiweiß in den Tieren gespeichert und kann damit vom Menschen als Nahrungsmittel genutzt werden. Auch wenn diese Strategie in Bezug auf die Ausnutzung der grünen Wasserströme durch den Menschen sehr ineffektiv ist, sie nutzt eine Zwischenstation in Form von Tieren, wird sie doch angewandt, da sie bei großem Flächenverbrauch das Überleben weniger Menschen sichert.

Der beschriebene Nomadismus in den Trockengebieten der Erde ist alt und im Prinzip nachhaltig. Er führt allerdings in der Praxis zu einer langsam steigenden Bevölkerung. Diese führt wiederum notgedrungen zu einer langsam steigenden Anzahl von Tieren zur Ernährung der Bevölkerung. Dem kann zu Beginn mit einer Ausweitung der Weidegründe begegnet werden. Ist die verfügbare Fläche vollständig genutzt, bleibt als einziger Ausweg die weitere Erhöhung des Tierbesatzes und damit Überweidung der nachwachsenden Vegetation. Die Vegetation kann sich nicht mehr erholen, die Folge ist ein Rückgang der Vegetationsdichte. Dies wiederum führt zu einem Rückgang der Verdunstung des Wassers aus dem

Boden und zu einer Reduzierung des Niederschlags. Damit befindet man sich auf dem abschüssigen Weg der positiven Rückkopplung zwischen Verdunstung und Niederschlag, an dessen Ende eine Vollwüste steht. Man nennt diesen Vorgang Desertifikation. Der beschriebene Mechanismus erklärt die Ausweitung der Wüsten auf Kosten der Weideflächen. Laut der UN-Organisation zur Bekämpfung der Wüstenbildung sind 2 / 3 der weltweiten Wüstenränder und damit der Weideflächen der Trockengebiete inzwischen überweidet und damit nicht nachhaltig genutzt. Jährlich geht so weltweit eine Weidefläche von 50 000 km^2, das entspricht nicht ganz der Fläche von Bayern, an die Wüste verloren (SDNP, 2006).

Am anderen Ende der Niederschlagsskala, in den tropischen Regenwäldern, hat der Mensch auch früh begonnen, die Umwelt für sich zu nutzen. Dort war, im Gegensatz zu den Trockengebieten am Rand der Wüsten, die Wasserversorgung nie ein Problem, da in den feuchten Tropen verlässlicher und ausreichender Niederschlag fällt. Das Problem in diesen Regionen ist die geringe Bodenfruchtbarkeit. Die tropischen Böden sind alt. Sie sind schon seit Millionen Jahren dem Verwitterungsprozess ausgesetzt. In diesem langen Zeitraum wurden die Nährstoffe und Mineralien durch den Niederschlag fast gänzlich ausgewaschen. Die Vegetation lebt in diesen Regionen der Erde vor allem von ihrem eigenen zersetzten Abfall sowie von Staub, der über die atmosphärische Zirkulation in die tropischen Regenwälder eingeweht wird. Auch an diese Bedingungen der Nährstoffarmut hat sich der Mensch zunächst mit einer eigenen, nachhaltigen Nutzungsstrategie angepasst. Hier half die Entwicklung der Fähigkeiten zum gezielten Einsatz des Feuers. Mit einem gezielt gelegten Feuer war es nämlich möglich, die in der Vegetation enthaltenen Mineralstoffe und Düngemittel auf einen Schlag und in hoher

Konzentration in Form von Asche freizusetzen und für die eigene Landwirtschaft zu nutzen. Diese Praxis wird Brandrodung genannt. Auf den abgebrannten Flächen ist wegen der hohen Mineralkonzentrationen in der Asche zunächst sehr ertragreiche Landwirtschaft möglich. Dabei helfen die hohen Temperaturen und Niederschläge. Die intensiven Gewitter in diesen Regionen der Erde waschen allerdings einen Großteil der Asche schon nach wenigen Jahren fort. Damit reduziert sich die Fruchtbarkeit der Böden und die landwirtschaftliche Produktion bricht nach ein paar Jahren ein. Die einzige Überlebensstrategie, die den betroffenen Menschen bleibt, ist weiterzuziehen, das nächste Stück Regenwald abzubrennen und den beschriebenen Vorgang zu wiederholen. Die zurückgebliebene, ausgelaugte Fläche erholt sich in einer Zeit von 40 bis 100 Jahren wieder, wenn sie nicht genutzt wird. Auch diese Nutzungsform ist im Prinzip nachhaltig, wäre da nicht der Bevölkerungsanstieg, der auch hier zu einer Verknappung der Regenerationsflächen führt.

Auch hier besteht die einzig erfolgreiche Strategie also im Weiterziehen. Sie muss zusammenbrechen, wenn die Flächen zum Weiterziehen durch den Bevölkerungsanstieg nicht mehr verfügbar sind. Dies ist inzwischen in allen tropischen Regenwäldern der Fall, sodass die beschriebene Lebensweise heute weitgehend der Vergangenheit angehört. Die »moderne« Strategie ist die Abholzung des Regenwaldes und der Einsatz von Kunstdünger und Pestiziden zur Stabilisierung der Erträge auf den abgeholzten Flächen.

Der Mensch hat seinen Ursprung in den Savannen Afrikas. Während seiner Entwicklung hat er die weitaus längste Zeitspanne als Nomade verbracht. Ermöglicht wurde das durch die in der menschlichen Frühzeit niedrige Bevölkerungsdichte und die damit den damaligen Menschen als schier unerschöpflich erschienenen Flächenreserven. Diese Wahrnehmung und Prägung der frühen Menschen hat sicher die Fähigkeit nicht gefördert, in Kategorien von Nachhaltigkeit, Belastbarkeit des Lebenserhaltungssystems oder Generationengerechtigkeit zu denken.

5.5 Menschen wurden Bauern

In anderen Regionen hat sich der beschriebene Nomadismus als Lebensform nicht durchgesetzt. Dies gilt vor allem für die Regionen, in denen die Niederschläge ergiebig genug sind, dass Tiere und Menschen satt werden, ohne laufend weiterziehen zu müssen, weil nicht genug Vegetation nachwächst. Hier ist es für den Menschen vorteilhafter, die grünen Wasserströme nicht hauptsächlich den Tieren zu überlassen, sondern sie selbst zu nutzen. Er wählt somit dort nicht den verlustreichen Umweg über die Tiere, sondern nutzt die grünen Wasserströme für die Landwirtschaft und die Produktion pflanzlicher Nahrungsmittel im Regenfeldbau.

Die landwirtschaftlichen Flächen haben sich aus diesem Grund überall dort massiv ausgebreitet, wo die Niederschläge ausreichend und die Böden geeignet waren. Dies gilt vor allem für den Osten Chinas, für Indien, für Ostafrika, Europa, einen nach Osten hin immer schmaler werdenden Landwirtschaftsgürtel, der sich von West nach Ost durch Russland zieht und nicht zuletzt in den letzten drei Jahrhunderten für den Osten und die Prärien der USA und Kanadas. In den genannten Regionen haben sich in den letzten drei Jahrhunderten drei Entwicklungen abgespielt, die zu einer Ausweitung der Anbaufläche geführt haben:

1. Eine massive Rodung von Wäldern in allen Teilen der Erde. Dies begann zunächst in China, Indien und Europa. In diesen Regionen bestand die natürliche Vegetation aus Wäldern.
2. Die Trockenlegung von Mooren und Feuchtgebieten. Umfangreiche Drainagemaßnahmen haben vor allem im 19. Jahrhundert in den mittleren Breiten zu einer Ausweitung des Ackerlandes auf Kosten der natürlichen Flächen geführt, indem man die Feucht- und Moorflächen mit Leitungssystemen zur Entwässerung versehen hat und damit von einem für den Ackerbau ungünstigen Wasserüberschuss »befreit« hat.
3. Die Ausdehnung von Ackerbau in die feuchten Grasländer der mittleren Breiten vor allem in Russland und dann auch in Nordamerika.

Natürlich gibt es auch große Flächen, die von Wald in Weideland umgewandelt wurden. Diese liegen vor allem in den Tropen Brasiliens, wo ein Teil des abgeholzten Amazonasbeckens in Rinderfarmen umgewandelt wurde, um den steigenden Fleischbedarf der internationalen Märkte zu decken.

Überall dort, wo einerseits das Klima für die Landwirtschaft zu trocken, andererseits aber Wasser verfügbar war, entwickelte sich früher oder später die Bewässerung. Zu dieser Kategorie gehören die ersten großen Bewässerungskulturen in Mesopotamien, China und Ägypten. Waren die beiden zuvor beschriebenen Strategien des Nomadismus zwar intelligent aber nur marginal abhängig vom Einsatz technischer Hilfsmittel und der Regenfeldbau auf einfache technische Fähigkeiten angewiesen, so war die Bewässerung erstmals mit der Entwicklung umfangreicher technologischer Fähigkeiten verbunden. Diese Entwicklung begann vor etwa 7000 Jahren und bestanden zunächst in der Aneignung grundlegender Fähigkeiten zu Transport von Wasser. Ihre Entwicklung war sicher zur damaligen Zeit keine Trivialität. Es gab noch kein Verständnis für den Wasserkreislauf, die Rolle des Gefälles oder die Wassermenge. Erste Gräben wurden angelegt, um Wasser umzuleiten. Dazu wurden primitive Werkzeuge entwickelt. Diese ersten technologischen Aktivitäten der Menschen waren ein Durchbruch. Sie ermöglichten eine bislang nicht vorstellbare Umgestaltung der Natur: Aus Wüste wurde Ackerland. Es ist nicht erstaunlich, dass dieser technologische Durchbruch im Wasserbereich stattfand. Wasser war diejenige Ressource, durch deren Beherrschung man in den betroffenen Regionen, den Trockengebieten, bei der Bereitstellung von Nahrungsmitteln am meisten ausrichten konnte.

Jahrtausende später entwickelte sich in einem zweiten, revolutionären Schritt Bewässerungs-High-Tech in Form von Brunnen zum Gewinnen von Wasser, Hebewerken und Pumpen zum Fördern von Wasser, Schiebern zum Steuern von Wasserflüssen und gemauerten Kanälen zum verlustfreien Transport von Wasser. Die zweite Wasser-Revolution war viel weitreichender als die erste. Es zeigte sich nämlich, dass die hochentwickelten technischen Systeme den gewünschten Erfolg nur erbringen können, wenn sie von einem anderen Bereich kultureller Errungenschaften ergänzt und unterstützt werden. Damit entstand das Wasserrecht, das den friedlichen Zugang der individuellen Mitglieder einer Gemeinschaft zum Bewässerungswasser regelte. Für seine Formulierung und Durchsetzung waren zunächst die Religionen zuständig. Die ersten Regelungen der Wasserzuteilung bestanden in der genauen Festlegung der Öffnungszeiten der Schieber, die das Wasser auf die Felder der Bauern leiteten. Diese Methode wird heute noch in vielen Regionen der Erde angewandt. Erst die viel spätere Einführung von Verfahren zur Messung der Wassermengen ermöglichte eine spezifische Zuteilung von Wasser und die Festlegung von Preisen für das zugeteilte Bewässerungswasser.

Die weiteren Schritte, die zu den großtechnischen Wasserprojekten wie am Aralsee oder am Nil führten, muten gegenüber der zweiten Wasserrevolution nur als konsequente Weiterentwicklung, nicht aber als eine weitere Revolution an. In beiden Regionen wurden durch Einsatz der Bewässerung große neue landwirtschaftliche Nutzflächen geschaffen. Der Einsatz von Bewässerungswasser vergrößert dann den Strom grünen Wassers auf Kosten des Stroms blauen Wassers. Dies kann, wie im Fall des Colorado im Westen der USA oder des Gelben Flusses in China dazu führen, dass ehemals mächtige Ströme inzwischen den Ozean häufig nicht mehr erreichen, da alles Wasser zur Transpiration verbraucht wird. Die weiterreichenden Folgen für die Schifffahrt, die Energieerzeugung und vor allem die Lebensgemeinschaften in den Flüssen sind dabei drastisch.

Wenn man nun die beschriebenen Eingriffe des Menschen mit Tab. 4, in der die Transpirationskoeffizienten unterschiedlicher Pflanzenarten aufgeführt sind, in Verbindung bringt, wird besonders deutlich, wie sich Landnutzungsänderungen auf die Wasserströme auswirken.

Ein Verlust an Wald geht generell bei gleichbleibendem Niederschlag einher mit einem Verlust an assimiliertem Kohlenstoff und damit aufgebauter Trockenmasse. Da Wälder aber in der Regel mehr verdunsten als Grasflächen oder landwirtschaftliche Nutzflächen ist eine Vergrößerung der blauen Wasserströme durch Rodung von Wald zu erwarten. Man erkauft sich damit die Umwandlung von Wäldern in Acker- und Weideland mit einer Erhöhung des Hochwasserrisikos durch den vermehrten Abfluss sowie einer Erhöhung des Risikos von Dürren durch die Verringerung der Wasserspeicherung in Landwirtschaftsflächen im Verhältnis zu Waldflächen.

Die Intensivnutzung der Trockengebiete unserer Erde durch hohen Viehbesatz verringert die Produktivität dieser Regionen durch Rückgang der Vegetationsdecke. Damit reduziert sich auch die Transpiration und damit der grüne Wasserfluss. Dies kann den oben beschriebenen Rückkopplungsprozess zur Folge haben, der schlussendlich zur Ausbreitung der Wüsten führt.

Auch der Regenfeldbau unserer Breiten führt zu einer Veränderung des Wasserhaushalts der betroffenen Gebiete. Sie müssen trockengelegt werden, wenn sie zu nass sind für die Landwirtschaft und die Pflanzen, die anstelle der ursprünglichen dort wachsen, brauchen mehr Wasser zum Aufbau der Biomasse. Die Einführung der Bewässerung schließlich ist der direkteste Weg, durch Landnutzungsänderung den Wasserhaushalt zu verändern. Sie lenkt ohne Umwege blaue Wasserströme in grüne Wasserströme um. Die gewaltige Umstrukturierung der Natur, die der Mensch zur Sicherung seiner Nahrungsmittelversorgung auf der Landoberfläche der Erde durchgeführt hat, hat somit auch eine entsprechende Veränderung der blauen und grünen Wasserströme mit sich gebracht.

5.6 Menschen sind Städter

Mit dem explosionsartigen Bevölkerungswachstum der letzten Jahrzehnte tritt die Landnutzungsveränderung durch den Menschen in eine neue Phase, die der globalen Urbanisierung. Sie erscheint noch nicht in Abb. 20, da ihr Flächenanteil heute noch zu gering ist. Dies wird sich allerdings in den nächsten 25 Jahren ändern. So viel zur Perspektive: In Afrika lebten um 1900 gerade 5 % der Bevölkerung in Städten, heute sind es mehr als 40 %, in 20 Jahren werden es 70 % sein. Damit wird die Urbanisierung bedeutend schneller ablaufen als die globale Ausbreitung der Land- und Viehwirtschaft in den letzten 300 Jahren.

Menschen organisieren sich in Dorfgemeinschaften. Auch bei sehr geringer Bevölkerungsdichte sind Menschen keine Einzelgänger, sondern bilden Sippen und Dörfer. Diese Eigenschaft des Menschen, soziale Lebensgemeinschaften zu bilden, hat in der Zwischenzeit zu immer größeren Siedlungsgebilden geführt. Aus Sippen entstanden Dörfer, aus Dörfern Städte und in letzter Zeit Megastädte. Megastädte sind Siedlungsgebilde mit mehr als 10 Millionen Einwohnern. Die größte menschliche Siedlung, der Großraum Tokio, beherbergt inzwischen 35 Millionen Menschen und ein Ende der globalen Verdichtung der menschlichen Siedlungen ist nicht abzusehen. So wird das Erscheinungsjahr dieses Buches als ein markantes Datum in die Geschichte der Urbanisierung eingehen: Zum ersten Mal werden 2007 mehr Menschen in Städten wohnen als auf dem Land. Und alle Vorhersagen bestätigen, dass die Tendenz zur Urbanisierung anhalten wird. 2025 werden danach weltweit schon 70 % aller Menschen in Städten leben. Auch dann ist der Urbanisierungsprozess noch lange nicht abgeschlossen.

Der Trend zur Urbanisierung war in Europa, wo er bereits weitgehend abgeschlossen ist und mehr als 75 % der Bevölkerung in Städten lebt, mit einschneidenden Veränderungen der Lebensstile verbunden. Er ging einher mit der Industrialisierung und der Umstellung von der bäuerlich geprägten Arbeitswelt des 18. Jahrhunderts auf die industriell geprägte Arbeitswelt des 19. und frühen 20. Jahrhunderts. Ehemalige landwirtschaftliche Tagelöhner und Knechte gingen in die Städte, um dort nach einer besseren Zukunft für ihre Kinder zu suchen. Fabriken entwickelten unter Nutzung der Energie fossiler Rohstoffe Verbrennungsmaschinen und rationalisierten damit ihre Produktionsprozesse. Märkte expandierten durch die gewonnene Kaufkraft breiter Bevölkerungsschichten. Es stellte sich im Rahmen der Entwicklung der Städte heraus, dass durch die Verdichtung der Bevölkerung wichtige Märkte, wie der Arbeitsmarkt und der Markt für Konsumgüter, und Dienstleistungen, wie Gesundheit und Bildung, bedeutend effizienter organisiert werden konnten als auf dem Land. Dort führten lange Transportwege und geringe Auswahl an Gütern und Dienstleistungen als Folge der niedrigen Bevölkerungsdichte zu einer Verteuerung des Angebots. Schließlich ging auch die Entwicklung des Individualverkehrs durch die Entwicklung der Autos paradoxerweise von den Städten aus. Eigentlich wäre sie auf dem Land gerade wegen der größeren Entfernungen wichtiger gewesen, dort aber war sie zunächst nicht bezahlbar.

Durch den Zustrom von Menschen sind inzwischen alle Städte im sich entwickelnden Teil der Erde dabei, massiv zu expandieren. Dabei zeigen sich ähnliche Entwicklungen wie im Europa des 19. und frühen 20. Jahrhunderts. Die Einwohnerzahl von Daressalam, der früheren Hauptstadt von Tansania zum Beispiel, verdoppelt sich alle 13 Jahre. Sie wächst damit dreimal so schnell, wie die Einwohnerzahl Tansanias, die sich inzwischen nur noch um 2 % pro Jahr vergrößert. Der Wachstumsprozess ist in allen Städten der Dritten Welt ähnlich und ist vom Traum der Menschen getrieben, von den armen ländlichen Regionen in die wohlhabenden Zentren der Städte zu kommen. Dazwischen liegt der erbarmungslose Armutsgürtel der Slums, den es zu überwinden gilt, wenn man Bildung und Wohlstand für seine Kinder erreichen will. Mit den derzeitigen ökonomischen Wachstumsraten in vielen Regionen der Welt von 6–10 % im Jahr entstehen in den Städten der Schwellenländer China, Indien, Brasilien und Südafrika Millionen von Arbeitsplätzen. Sie nähren den Traum vom Wohlstand, der der Motor des Urbanisierungsprozesses und des Wachstums der Städte ist.

Inzwischen ist das Wachstum der Städte vielerorts in eine paradoxe Phase übergegangen. Städte untergraben inzwischen durch ihre Expansion und durch die in ihnen entwickelten urbanen Lebensstile ihre eigene Lebensgrundlage. Sie sind in ihrem Überleben auf einen steten Strom von Gütern und Dienstleistungen aus den Umländern angewiesen. Dieser besteht nicht nur aus Menschen, sondern vor allem auch aus Nahrungsmitteln, Wasser und Energie. Durch ihre Expansion fressen sie allerdings die landwirtschaftlichen Flächen in ihrem Umland, auf die ihr Überleben gründet, auf. Bedauerlicherweise gehen dabei oft die fruchtbarsten Ackerländer verloren, da die heute expandierenden Städte in historischen Zeiten in Regionen gegründet wurden, die in ihrem Umkreis über weite fruchtbare Ackerflächen verfügten. So kommt ein verhängnisvoller Prozess in Gang, an dessen Ende die Umwandlung großer Flächen Ackerlandes in Wohnhäuser, Fabrikhallen, Flughäfen, Straßen, Parkplätzen, Golfplätzen und Tennisanlagen steht.

Geht man davon aus, dass für jede Million Menschen, die zusätzlich geboren werden, 40 000 Hektar Land für Städte benötigt werden (Brown, 2004), so bedeutet dies, dass die 70 Millionen Menschen, um die die Erdbevölkerung jährlich wächst, 3 Millionen Hektar neues Land pro Jahr beanspruchen. Dies sind in der Regel fruchtbare landwirtschaftliche

Flächen, da sie sich in der Nähe von Städten befinden. Mit dieser unausweichlichen Entwicklung geht weltweit in den nächsten 20 Jahren eine landwirtschaftliche Anbaufläche verloren, die mit 60 Millionen Hektar der gesamten landwirtschaftlichen Anbaufläche Europas entspräche. Das ist alarmierend und sicherlich nicht nachhaltig.

Während das Bevölkerungswachstum den Bau von Häusern und Fabriken beschleunigt, vermehrt der Anstieg des Wohlstandes vor allem in China, Indien, Brasilien und dem südlichen Afrika unweigerlich die Zahl der Autos. Autos benötigen, ähnlich wie ihre Besitzer, Fläche. Zurzeit wächst der Weltautobestand um 9 Millionen pro Jahr. Mit jedem Auto wächst die benötigte Fläche, um das Auto fahren zu können bzw. um es abzustellen. Die den Autos zugewiesenen Flächen variieren weltweit stark und liegen zwischen 0,07 Hektar pro Auto in dünner besiedelten Ländern wie USA, Kanada oder Brasilien und 0,02 Hektar pro Auto in Europa, China, Japan und Indien. Mit jeder neuen Million Autos, die der steigende Wohlstand zum Beispiel in Indien hervorbringt, müssen damit etwa 20000 Hektar Land in Straßen und Parkplätze umgewandelt werden. Durch die Versiegelung der Flächen verlieren diese aber die Fähigkeit zur Verdunstung. Die Millionen Autos vernichten auf den Flächen, die sie in Anspruch nehmen, also den grünen Wasserfluss. Er beträgt in Indien abgeschätzt ca. 75 Millionen m^3 pro Jahr. Aus ihm könnte man in Indien 50000 Tonnen Getreide machen, genug um 250000 Menschen zu ernähren (Brown, 2004). Die Umwandlung und die damit verbundene Versiegelung der Flächen bedeutet, dass am ersten Aufteilungspunkt in Abb. 17 dem Niederschlagswasser alle Wege, bis auf den Oberflächenabfluss, versperrt wurden. Dies macht sich vor allem bei heftigen Niederschlägen bemerkbar. Dann führt nämlich der direkte Abfluss des

Regenwassers an der Oberfläche, in analoger Weise zu dem, was schon in Abb. 18 im Fall der Kahlschläge gezeigt wurde, zu einem starken Anstieg der Hochwasser. Bei Hochwassern wird für schnellstmöglichen Abtransport des Niederschlagwassers weg vom Land und hin zum Meer gesorgt, da man die riesigen Wassermengen, die zuvor von der Natur gespeichert wurden, nicht in geeigneten Dämmen speichern kann. Das Wasser des abfließenden Hochwassers allerdings ist damit für die weitere Nutzung verloren.

Die Urbanisierung der Menschheit schreitet dynamisch voran. Sie ist in den betroffenen Ländern von großen Erwartungen und Träumen von Wohlstand und Konsum begleitet. So plant China, den fruchtbaren, 100 km langen Korridor zwischen seiner Hauptstadt Beijing und der Stadt Tianjing an der Küste, beides schon heute Megastädte, in den nächsten 20 Jahren in ein gemeinsames städtisches Großgebilde zu verwandeln. Damit werden die heute zwischen den beiden Städten liegenden Landwirtschaftsflächen mit Häusern, Fabriken, Straßen, Parkplätzen, Einkaufszentren und hoffentlich auch Golfplätzen bedeckt werden. In dieser entstehenden Megastadt sollen dann schließlich 100 Millionen Menschen leben und arbeiten. Ob solche Mammutgebilde überhaupt existenzfähig sind, wie groß ihr Umland sein kann und sein muss, wie die blauen und grünen Wasserströme dort zukünftig gestaltet werden müssen, um Städte dieser Größe mit den lebensnotwendigen Gütern zu versorgen, wie die Transportsysteme aussehen müssen und wie ein menschenwürdiges Leben dort aussehen kann, und wie dies alles auch noch nachhaltig geschehen soll, gehört zu den spannendsten Fragen der derzeitigen Forschung.

5.7 Menschen handeln anders als das Erdsystem

In der bisherigen Nutzung der natürlichen Ressourcen der Erde durch den Menschen, und dazu zählt auch der Strom grünen Wassers, ist eine Strategie zu erkennen. Sie besteht im Wachstum der Bevölkerung und der Bereitstellung der Lebensgrundlage in Form von Essen und Wohnen durch gezielte Veränderung der Beschaffenheit der Erdoberfläche. Dafür gibt es nur eine einfache Möglichkeit: Veränderung der Vegetationsbedeckung und damit Landnutzung. Die Nutzung grünen Wassers für die Nahrungsmittelproduktion unterliegt der Landwirtschaft. Sie legt Felder mit gezüchteten Nutzpflanzen an. Sie hat aber auch noch eine zweite Strategie auf Lager, wie sie den Nutzen der veränderten Landnutzung noch weiter optimieren kann. Sie sorgt für eine Intensivierung des pflanzlichen Wachstums und damit für eine Steigerung der Produktivität der betroffenen Ökosysteme.

Natürliche Ökosysteme leiden in der Regel unter Nährstoffmangel. Durch Zufuhr von Stickstoff- und Phosphatdünger sowie der eventuell fehlenden Mineralien lässt sich die Menge der auf einer Fläche produzierten Biomasse deshalb beachtlich steigern. Dies bedeutet aber auch, dass die dabei verdunstete Wassermenge stark ansteigt. Seit der Entwicklung von Technologien zur industriellen Erzeugung von Stickstoffdünger aus Luftstickstoff zu Beginn des letzten Jahrhunderts durch Haber und Bosch wurde die natürliche Nährstofflimitierung der Vegetation auf den landwirtschaftlich genutzten Flächen weltweit praktisch aufgehoben. Abb. 21 zeigt einen Vergleich der Menge an weltweit natürlich fixiertem Stickstoff mit der Menge, die industriell produziert wurde und in der Landwirtschaft zur Erhöhung der Erträge genutzt wird.

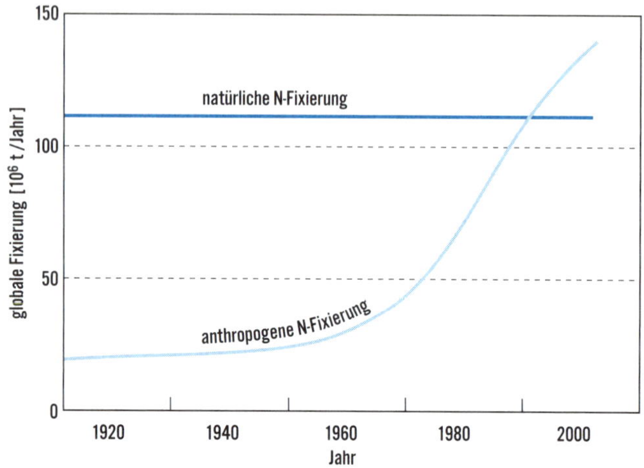

Abb. 21 Vergleich der zeitlichen Entwicklung der natürlichen und anthropogenen Stickstofffixierung in Form von Umwandlung von atmosphärischem Stickstoff (N_2) in biologisch nutzbaren Stickstoff (NO_x und NH_x) (aus Geographie, 2007, nach Vitousek, 1994).

Nach dem heutigen Wissensstand hat sich die natürliche Stickstoff-Fixierung im Laufe des letzten Jahrhunderts kaum verändert. Sie liegt weltweit bei ca. 110 Millionen Tonnen Stickstoff pro Jahr. Zu den natürlichen Prozessen der Stickstoff-Fixierung gehören Symbiosen zwischen natürlicher Vegetation und Bodenbakterien (Rhizobium) sowie Blitze während Gewittern. Abb. 21 verdeutlicht dies als waagerechte durchgezogene Linie. Demgegenüber hat die Produktion von Stickstoffdünger zwischen 1960 und 1980 so stark zugenommen, dass sie 1980 die natürliche Stickstoff-Fixierung überholt hat. Zur anthropogenen Stickstoff-Fixierung gehört die Umwandlung von atmosphärischem Stickstoff bei der Verbrennung von Kohlenwasserstoffen (z. B. in Autos) sowie bei der industriellen Produktion von Kunstdünger und die agrarische Nutzung von Reis, Sojabohnen und Alfalfa, die in Symbiose mit Bodenbakterien atmosphärisches N_2 in biologisch verwertbaren Stickstoff umwandeln können.

Der Schnittpunkt der beiden Kurven in Abb. 21 gibt den Zeitpunkt an, ab dem der vom Menschen produzierte Stickstoff den vom Erdsystem gebildeten Stickstoff in der Menge übertraf. Dieser Zeitpunkt ist denkwürdig. Er liegt ungefähr im Jahr 1981 und ist in keinem Geschichtsbuch vermerkt. Trotzdem ist es damit erstmals in der Geschichte gelungen, durch Einsatz von Technologie einen wichtigen und mengenmäßig großen Stoffkreislauf im Erdsystem, nämlich den Stickstoffkreislauf, nicht nur auf einzelnen Feldern, sondern auf dem gesamten Globus zu dominieren. Das Jahr 1981 besiegelte damit zu einer Zeit, in der das Wort ›Globalisierung‹ noch keine Bedeutung hatte, die endgültige Globalisierung der Eingriffe des Menschen in das Erdsystem.

Die Verflachung des Anstiegs der anthropogenen Stickstofffixierung seit etwa 1980, wie sie sich in Abb. 21 andeutet, hat sich fortgesetzt. Der Stickstoffverbrauch steigt inzwischen weltweit nur noch langsam. Dies zeigt, dass es in nur 60 Jahren gelungen ist, den natürlichen Nährstoffmangel auf den landwirtschaftlich genutzten Flächen auf der Erde zu beseitigen.

Damit, und das war ja beabsichtigt, war ein beeindruckender Anstieg der landwirtschaftlichen Erträge verbunden. Der massive Einsatz des Kunstdüngers war zusammen mit der Wahl neuer, ertragreicher Sorten Voraussetzung für die Grüne Revolution. Sie war notwendig, um eine steigende Bevölkerung zu ernähren und hat Länder wie Indien und China, in denen schon damals mehr als ein Drittel der Menschheit

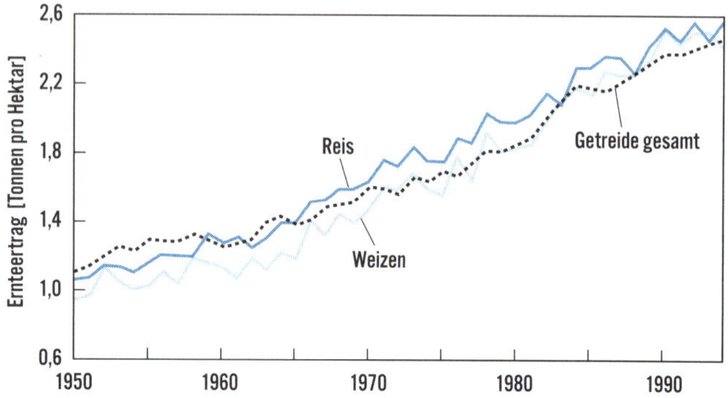

Abb. 22 Ertragsteigerung bei Reis, Weizen und Getreide zwischen 1950 und 1995 (aus WBGU, 1997).

lebte, vom Hunger befreit. Der Anstieg des Ernteertrags ist aus Abb. 22 deutlich zu entnehmen.

Warum aber ist die Steigerung der landwirtschaftlichen Produktivität und die damit einhergehende Dominanz des Menschen über den Stickstoffkreislauf auf der Erde wichtig für die Ströme des grünen Wassers? Indem auf den landwirtschaftlich genutzten Flächen der Nährstoffmangel beseitigt wurde und damit die Produktivität angestiegen ist, ist wegen der engen Kopplung von Ertrag und Wasserverbrauch über den Transpirationskoeffizienten (siehe Tab. 4) der Wasserverbrauch der Flächen ebenfalls angestiegen.

5.8 Wasser für Mensch und Natur

Die Frage, ob der Mensch den Strom grünen Wassers verändert hat, muss nach einem Blick auf die rapiden Landnutzungsänderungen und die Produktivitätssteigerung der letzten Jahrzehnte also bejaht werden. Da grünes Wasser ja, wie oben erläutert, für eine Mehrfachnutzung nicht zur Verfügung steht, hat dies nun weitreichende Auswirkungen auf den Wasserkreislauf und auf die verfügbaren Wasserreserven für steigende Weltbevölkerung der nächsten Generationen und damit auf die Frage, die dem Buch zugrunde liegt. Wir nähern uns damit nämlich der Kernfrage, die lautet: Wie stark kann der Mensch den grünen Wasserstrom weltweit noch für die Zwecke der Nahrungsmittelproduktion erhöhen, ohne dass das Lebenserhaltungssystem dabei geschädigt wird?

Der Mensch hat die Ströme grünen Wassers bereits gründlich verändert. Hat er sie auch vergrößert? Diese Frage ist nach heutigem Wissensstand nicht eindeutig zu beantworten. Wie vorhin beschrieben, wirken nicht alle menschlichen Aktivitäten, die zu Landnutzungsänderungen führen, in Richtung auf eine Vergrößerung der grünen Wasserströme. Der eindeutigen Vergrößerung des grünen Wasserstroms durch Intensivierung der Landwirtschaft und Ausweitung der Bewässerung steht seine Verminderung durch die Trockenlegung der Feuchtgebiete und Moore weiter Landstriche als Folge landwirtschaftlicher Meliorationsmaßnahmen, die Reduzierung der Verdunstung durch Überweidung der Trockengebiete und Ausbreitung der Wüsten sowie die Urbanisierung gegenüber. Die Aufteilung des Niederschlags in blaues und grünes Wasser ist damit regional sehr unterschiedlich. In Tab. 5 sind die besten heute verfügbaren Zahlen über die Aufteilung für einige typische Regionen der Erde zusammen mit

Ökozone	Subzone	Regen (mm/Jahr)	Blauer Wasserstrom Oberfläche (mm/Jahr)	Grundwass.	Grüner Wasserstrom Verdunstung (mm/Jahr)	Biomasse (t/ha)
Subtropisch und tropisch	Wüsten-savanne	300	18	2	280	2–6
	Trocken-savanne	1000	100	30	870	4–12
	Feucht-savanne	1850	360	240	1200	8–20
Subarktisch – Gemäßigt	Tundra	370	70	40	260	1–2
	Taiga	700	160	140	400	10–15
	Mischwald	750	150	100	500	10–15
	Waldsteppe	650	90	30	530	8–12
Äquatorial	Feuchte Tropen	2000	600	600	800	30–50

Tab. 5 Aufteilung der Niederschläge in blaue und grüne Wasserflüsse in unterschiedlichen Klimazonen der Erde (nach Falkenmark, 2004).

der jeweiligen Produktion an Biomasse in Tonnen pro Hektar aufgelistet.

Tab. 5 zeigt die großen regionalen Unterschiede in der Aufteilung des Niederschlags in blaues und grünes Wasser. So kommt in den Wüstensavannen der blaue Wasserfluss fast vollständig zum Erliegen, der Löwenanteil des Niederschlags geht dort in die Verdunstung. Mit steigendem Wasserangebot in der Feuchtsavanne steigt auch die Verdunstung in dieser tropischen Region stark an und erreicht dort bis zu 1200 mm pro Jahr. Dabei werden zwischen 8 und 20 Tonnen Biomasse pro Hektar erzeugt. Diese Werte werden in den gemäßigten Breiten, in denen auch Mitteleuropa liegt, nicht erreicht. In unseren Breiten beträgt die Verdunstung eines Mischwaldes circa 500 mm pro Jahr bei einer gleichzeitigen Produktion von 10 bis 15 Tonnen Biomasse. Absoluter Spitzenreiter bei der

Produktion sind die tropischen Regenwälder, die bei einer Verdunstung von 800 mm pro Jahr eine Biomasseproduktion von 30 bis 50 Tonnen pro Hektar erreichen können. Dort ist auch der blaue Wasserfluss am größten, was sehr eindrucksvoll durch die große Wasserführung von Amazonas und Kongo bestätigt wird. Insgesamt sind die regionalen Unterschiede in der Aufteilung des Niederschlags in blaue und grüne Wasserflüsse groß. Die größten blauen Wasserflüsse auf der Erde weisen die tropischen Regenwälder und Feuchtsavannen auf. Dies liegt an den hohen Niederschlagsmengen und an der begrenzten Verdunstung.

Aus Tab. 5 kann man hochrechnen, wie groß die Wasserflüsse inzwischen sind, die der Mensch kontrolliert und welche Wasserflüsse der Natur geblieben sind. Man braucht dazu die Flächenanteile, die die jeweiligen Ökozonen und Subzonen an der Landoberfläche haben, und muss schließlich berücksichtigen, ob der jeweilige Wasserfluss vorwiegend vom Menschen kontrolliert oder vom Lebenserhaltungssystem der Erde zur Sicherung seiner Funktionsfähigkeit genutzt wird. So wird zum Beispiel der grüne Wasserfluss in allen Steppen und Grasländern der Erde inzwischen maßgeblich vom Menschen kontrolliert. Er bestimmt die Anzahl der Tiere, die er auf den Flächen hält und damit weitgehend die Vegetationsdichte. Dies gilt natürlich in noch größerem Umfang für die Weidegebiete. Tab. 6 gibt einen globalen Überblick über die Größe der blauen und grünen Wasserströme.

In Tab. 6 stellt der Niederschlag auf den Festländern der Erde die eigentliche Ressource Wasser dar, er muss sich nach Addition aller blauen und grünen Wasserströme als Summe ergeben. Die beiden großen Blöcke, der blaue und der grüne Wasserstrom, sind hier farblich unterschieden. Der gesamte grüne Wasserstrom ist grau eingefärbt. Innerhalb der beiden

Wasserströme	Öko-/Nutzungs-System	Wassernutzung [km³/Jahr]	Anteil am Niederschlag [%]
Blau für Mensch	Bewässerung Haushalte/Industrie	2100 1300	2 1
Blau für Natur	Flussökologie durch Basisabfluss Hochwasserabfluss	 9400 30150	8 27
Zwischensumme Blau		**42650**	**38**
Grün für Mensch	Trockenfeldbau Weidewirtschaft Steppen / Grasländer	5000 20400 12100	4 18 11
Grün für Natur	Wald und Gebüsch Wüsten Feuchtgebiete Seeverdunstung Verdunstung Parks Rest	19700 5700 1400 760 100 5390	17 5 1 1,1 0,1 4,8
Zwischensumme Grün		**70850**	**62**
Summe		**113500**	**100**

Tab. 6 Globale Übersicht über blaue und grüne Wasserströme in km³ / Jahr (nach Falkenmark, 2004).

Großkategorien wird unterschieden, ob der jeweilige Wasserstrom vorwiegend für das Überleben des Menschen oder vorwiegend für die Aufrechterhaltung der Funktionsfähigkeit des Lebenserhaltungssystems genutzt wird. Tab. 6 unterscheidet in Spalte 2, in welche Kanäle das Niederschlagswasser sich daraufhin global verteilt.

Insgesamt fallen 113 500 km³ Niederschlagswasser pro Jahr auf die Erdoberfläche. Sie stellen 100 % des verfügbaren Süßwassers dar. Mit 42 650 km³ werden knapp 40 % des Niederschlages zu blauem Wasser. Der Mensch entnimmt davon mit 3400 km³ nur einen kleinen Teil und nutzt es zum einen für die Bewässerung, zum anderen zur Aufrechterhaltung des häuslichen und industriellen Wasserbedarfs. Das Niederschlagwasser zur Bewässerung wird in grünes Wasser umgeleitet und von den Winden der Atmosphäre als Wasserdampf abtransportiert.

Man ist zunächst erstaunt über den geringen Nutzungsgrad der blauen Wasserströme mit weniger als 10 %. Allerdings ist in dieser Betrachtung der blauen Wasserströme nur die Entnahme von Wasser aus den Flüssen und Seen berücksichtigt worden. Die breite Palette der Veränderung des Wassers durch seine Nutzung, also die Stauhaltung durch den Bau von Dämmen, die Verschlechterung der Wasserqualität durch Einleitung von Abfällen, die Nutzung des blauen Wassers zur Kühlung und zur Energiegewinnung, wurde in Tab. 6 nicht berücksichtigt. Betrachtet man nicht nur die reine Nutzung durch Entnahme, sondern die viel weiter reichende Kontrolle des Wassers in den Seen und Flüssen durch den Menschen, so ergibt sich für den blauen Wasserfluss ein ganz anderes Bild.

Das 20. Jahrhundert war, aus wiederkehrend ähnlichen Gründen, die auch für den Bau des Aswan-Staudamms entscheidend waren, durch weltweite Aktivitäten zum Bau von Wasserrückhaltestrukturen in Form von Dämmen und Teichen gekennzeichnet. Ihre Aufgabe ist die Kontrolle der blauen Wasserflüsse. Abb. 23 zeigt das Anwachsen des Wasservolumens, das weltweit von großen Dämmen reguliert wird. Man sieht, in welchem Ausmaß die Ausweitung der Kontrolle der blauen Wasserflüsse durch Dämme vor allem zwischen 1960 und 1990 fortgeschritten ist. Inzwischen wird ein Abfluss mit einem Gesamtvolumen von ca. 15 000 km^3 pro Jahr von Dämmen kontrolliert. Dies sind nach Tab. 6 knapp 40 % des Wassers, das jährlich weltweit durch die Flüsse abfließt.

Der weitaus größte Teil des blauen Wassers kann trotz der

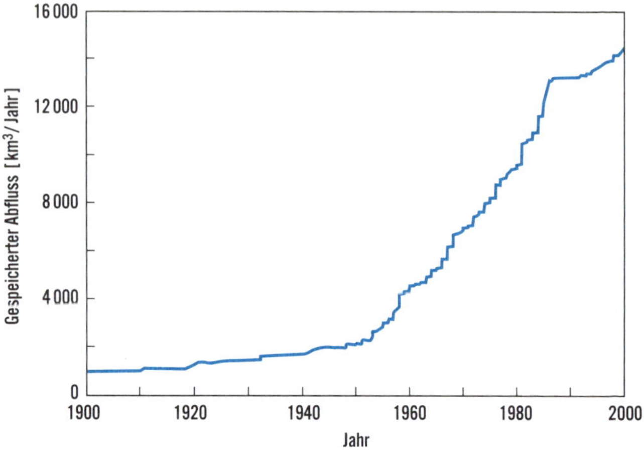

Abb. 23 Entwicklung der durch die großen Dämme der Erde kontrollierten Wasserflüsse in km^3/a (nach Alcamo et.al., 2005).

Staudämme im Prinzip in Form von Basis- und Hochwasserabfluss von der Natur dazu genutzt werden, das Leben in den Flüssen und Seen aufrechtzuerhalten. Die Lebewesen in den Flüssen sind, um überleben zu können, auch in Zeiten geringen Niederschlags auf die Aufrechterhaltung eines minimalen Wasserflusses, den Basisabfluss, angewiesen. Wird dieser unterschritten, schädigt dies die Lebensgemeinschaften in Flüssen und Seen und letztlich die Fähigkeit der Gewässer, das Wasser zu reinigen und von belastenden Stoffen zu befreien. Diese Wasserreinigung ist eine wesentliche Dienstleistung der Flüsse und Seen. Sie wird zunächst von den Tieren und Pflanzen in den Flüssen und Seen selbst benötigt, um ihre Umwelt lebensfreundlich zu halten. Der Mensch nutzt sie aber ebenfalls und in steigendem Maß, um die Abfälle der Zivilisation und den überschüssigen Dünger aus der Landwirtschaft abzubauen. Falls diese Fähigkeit der natürlichen aquatischen Ökosysteme, diese Dienstleistung zu erbringen, verloren ginge, müsste der Mensch sie theoretisch durch Investitionen in eine neue, viel aufwendigere Art von Kläranlagen ersetzen. Die heutigen Kläranlagen beseitigen auf vergleichsweise sehr kostengünstige Weise nur den gröbsten Schmutz aus den Abwässern und überlassen der Natur die aufwendige Klärung des Rests. Die Krux dabei ist, dass diese neuen Kläranlagen in ähnlicher Weise komplex sein müssten, wie die zerstörten aquatischen Ökosysteme, um ähnliche Dienstleistungen zu erbringen. Abgesehen davon, dass es solch komplexe Anlagen noch nicht gibt (und wahrscheinlich nie geben wird), die Kosten für diese Anlagen wären exorbitant und würden wahrscheinlich den scheinbaren Nutzen, der bei der Zerstörung dieser aquatischen Ökosysteme entstanden ist, bei weitem übersteigen.

Im zweiten, grau unterlegten, Teil von Tab. 6 sind die grünen Wasserflüsse dargestellt. Auch sie teilen sich auf in grüne Wasserflüsse, die vom Menschen für seine Zwecke kontrolliert werden und in solche, die heute noch fast ausschließlich zur Aufrechterhaltung der Funktionsfähigkeit und Stabilisierung des Lebenserhaltungssystems der Erde genutzt werden. Mit über 70 000 km^3 pro Jahr sind die grünen Wasserflüsse bedeutend größer als die blauen. Auch die Menge an grünem Wasser, das im Rahmen der Landwirtschaft für das Wachstum der Nutzpflanzen verbraucht wird, ist heute mit 5000 km^3 pro Jahr noch mehr als doppelt so groß wie das gesamte Bewässerungswasser auf der Erde. Allerdings verbraucht die permanente Weidewirtschaft in den bereits umgebauten Prärien Nordamerikas, Südamerikas, in den Savannen Afrikas und den Steppen Asiens mit 20 400 km^3 pro Jahr für die Fleischproduktion heute viermal so viel grünes Wasser wie die eigentliche Landwirtschaft. Hinzu kommt die oft noch nomadisch betriebene aber fast überall überstockte Nutzung der spärlichen Vegetation in den Trockengebieten der Wüstenränder mit weiteren 12100 km^3 grünen Wassers pro Jahr. Zusammengenommen kontrolliert der Mensch inzwischen einen gigantischen Strom grünen Wassers von 37500 km^3 pro Jahr. Dieser Strom grünen Wassers wird fast ausschließlich für die Ernährung genutzt.

Der grüne Wasserstrom, der vom Menschen noch kaum kontrolliert wird und damit der natürlichen Stabilisierung des Erdsystems in vollem Umfang zur Verfügung steht, besteht im Wesentlichen aus der Transpiration der Wälder und Buschflächen der Erde, der Feuchtgebiete, Flüsse und Seen. Hinzu kommt die geringe Verdunstung der Eisflächen und der Wüsten. Hier handelt es sich mit 27660 km^3 pro Jahr um eine scheinbar riesige Menge. In den Wäldern und Gebüschflächen der Erde wird auch heute noch ausschließlich unter biologischer Kontrolle transpiriert. Auf diesen Flächen kann die Biosphäre ihrer globalen Aufgabe, die Konzentrationen der Treibhausgase Wasserdampf und CO_2 und damit die Temperatur zu kontrollieren sowie die Biodiversität und Artenvielfalt im Interesse der Stabilität der Biosphäre zu maximieren, in vollem Umfang nachkommen.

Die Dienstleistungen, die das Erdsystem mit den blauen Wasserflüssen bei der Selbstreinigung der Gewässer erbringt, sind von eher regionaler Natur. Sie betreffen einen Flussabschnitt, einen See oder ein Feuchtgebiet. Anders ist dies bei den Dienstleistungen der grünen Wasserflüsse. Hier werden auch Aufgaben von globaler Bedeutung bewältigt. Neben der Produktion von Nahrungsmitteln, eine eher regionale Sache, tragen die grünen Wasserflüsse auch zur Balance der Treibhausgase und damit zur Regelung der Temperatur der Erde bei und produzieren Sauerstoff. Diese globalen Dienstleistungen der grünen Wasserströme unterscheiden sich in zwei Punkten grundlegend von den regionalen Dienstleistungen der blauen Wasserströme: Zum einen beeinträchtigt jeder lokale Eingriff in die grünen Wasserströme die globalen Dienstleistungen im Erdsystem und betrifft damit automatisch die gesamte Erde. Eine Beeinflussung des Thermostats der Erde durch eine Abholzung der tropischen Regenwälder und ihre Umwandlung in Felder und Weideland zum Beispiel in Brasilien betrifft nicht nur die an den dortigen Flüssen lebenden Menschen, sondern alle Menschen und Ökosysteme auf der Erde. Zum anderen lassen sich globale Dienstleistungen nicht im selben Umfang ersetzen oder unterstützen, wie etwa die natürliche Selbstreinigungskraft der aquatischen Ökosysteme durch eine Kläranlage. Ein technologischer Ersatz für die Entwicklung von Artenvielfalt in natürlichen Ökosystemen ist nicht denkbar. Es ist ja noch nicht einmal bekannt, welche Arten man technologisch am besten »erschaffen« sollte. Eine global wirkende Sauerstoff-Produktionsmaschine, die den Sauerstoff ersetzt, der bei der Umwandlung von natürlichen Ökosystemen in landwirtschaftliche Produktions-Ökosysteme verlorengeht, ist weder erfunden noch angedacht. Wahrscheinlich wird man im Wege der Entwicklung einer solchen Maschine feststellen, dass man gerade dabei ist, die optimale und kostengünstigste Maschine für diesen Zweck, nämlich die ungestörte Natur, zu zerstören.

5.9 Zusammenfassung

Bevor der Mensch begonnen hat, die Wasserressourcen der Erde für seine Ziele zu nutzen, wurden sie zu 100 % von der Natur genutzt. Der Niederschlag hat sich damals vermutlich ebenfalls zu etwa 60 % in den grünen und etwa 40 % in den blauen Wasserstrom aufgeteilt. Beide Flüsse standen damals ausschließlich im Dienst der Stabilisierung des Lebenserhaltungssystems der Erde und vollbrachten wichtige Dienstleistungen, wie unter anderem die Regulierung der Treibhausgase und damit Stabilisierung der Temperatur der Erde, die Reinigung und Aufbereitung der Abfälle der Pflanzen und Tiere und die Speicherung von Wasser in den Böden. Inzwischen ist der Mensch Hauptakteur in der Aufteilung der Wasserströme auf der Erde. Er hat die landwirtschaftlichen Flächen und die Weidefläche weltweit in den letzten drei Jahrhunderten, vor allem aber in den letzten Jahrzehnten massiv ausgeweitet und damit die grünen Wasserströme, die früher im Wesentlichen durch Waldflächen und Feuchtgebiete flossen, nun auf Nutzpflanzen und Gräser umgeleitet. Diese gehen weniger effektiv mit dem Wasser um, wie der Wald, erzeugen aber für den Menschen direkt oder indirekt nutzbare Nahrungsmittel. Hinzu kam die Ausweitung der Bewässerung mit der damit verbundenen Umlenkung eines Teils der blauen und grünen Wasserströme. Auch wenn der Mensch die grünen Wasserströme nur in verhältnismäßig geringem Maß vergrößert hat, so hat er sich doch in den letzten 30–40 Jahren weltweit die Kontrolle über einen großen Teil der grünen Wasserströme angeeignet. Das vom Menschen kontrollierte grüne Wasser beläuft sich inzwischen auf 60 % aller grünen Wasserströme auf der Erde. Beim verbleibenden Rest kontrolliert kein Landwirt den Besatz an Weidetieren, er kontrolliert sich selbst. Wird kein Kunstdünger benutzt, um das Wachstum der Pflanzen zu verstärken, wird Pflanzenwachstum durch das natürliche Angebot an Nährstoffen reguliert, und es werden keine Pestizide eingesetzt, um die Vegetation vor Schädlingen zu schützen. Vegetation und Schädlinge sind dort in einen fortlaufenden, selektierenden Konkurrenzkampf verstrickt. Die Regeln, nach denen grünes Wasser vom Menschen und von der Natur eingesetzt wird, unterscheiden sich damit ganz offensichtlich.

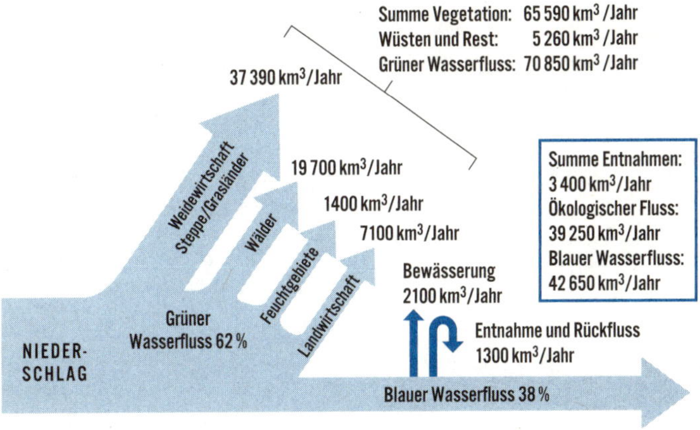

Abb. 24 Die Ströme grünen und blauen Wassers in den Regionen der Erde mit tropischem und gemäßigtem Klima (nach Falkenmark, 2001).

Abb. 24 zeigt noch einmal zusammengefasst die globale Aufteilung des Niederschlags in blaue und grüne Wasserströme. Als Fazit bleibt: Im Zuge der Veränderungen der letzten 300 Jahre und speziell der zweiten Hälfte des letzten Jahrhunderts hat sich der Mensch die Kontrolle über die Wasserflüsse auf den Festländern der Erde angeeignet. Er regelt inzwischen nicht nur die Aufteilung des Niederschlags an den Aufteilungspunkten an der Bodenoberfläche und im Boden anders als die Natur das tut, er hat auch, wie das Beispiel des Nil gezeigt hat, gelernt, Wasser zu speichern und zu Zeiten zu nutzen, zu denen es von der Natur nie genutzt worden wäre.

6 Wie viel Wasser braucht der Mensch?

Im letzten Kapitel habe ich versucht, den Wasserverbrauch der Natur und der Menschen mengenmäßig zu fassen. Dabei ergab sich, dass bereits heute ca. 60 % der grünen und ca. 40 % der blauen Wasserströme auf der Landoberfläche durch den Menschen kontrolliert werden. Dies ist eine gewaltige kulturelle Leistung. Das zu erreichen bedurfte viel Energie und Kreativität.

Wozu hat der Mensch so viel Kreativität und Aktivität aufgewendet in der Umgestaltung eines Großteils der Landoberfläche der Erde und der Umleitung gewaltiger Wasserströme? Was macht er mit dem vielen Wasser?

Wasser wird in drei Kernbereichen genutzt:

- für Trink- und Sanitärwasser
- für Industrie
- für die Ernährung (Transpirationswasser).

Die beiden ersten Bereiche bezeichnen die direkte Nutzung blauen Wassers, der dritte Bereich bezeichnet die indirekte Nutzung grünen Wassers.

Während ich dieses Buch schreibe, leben 6,5 Milliarden Menschen auf der Erde (U. S. Census Bureau, 2006). In den kommenden Jahren werden jedes Jahr 78 Millionen dazukommen. Dies entspricht fast der Einwohnerzahl Deutschlands. Wir alle, vor allem aber die Menschen, die in den trockeneren

Regionen der Erde leben, hängen in ihrem Überleben von den Veränderungen im Wasserkreislauf der Erde ab. Will man also versuchen, das Wasser für die Natur und das Wasser für die Menschen miteinander in Einklang zu bringen, ist es wichtig, zu verstehen, wie viel Wasser der Mensch mindestens braucht, um seine Grundbedürfnisse zu sichern.

6.1 Trinkwasser

Jeder Mensch braucht, um überleben zu können, pro Tag 3–5 Liter Trinkwasser. Dies ist global gesehen nicht viel. Die gesamte Menge Trinkwasser, die benötigt wird, um die gesamte Menschheit ein Jahr am Leben zu erhalten, sind ca. 10 km^3. Sie würden in einen Würfel von 2,1 km Seitenlänge passen. Diese Menge entspricht gerade mal ungefähr einem Zehntausendstel des weltweit fallenden Niederschlags oder einem Viertausendstel der blauen Wasserflüsse auf der Erde. Es besteht also keine Gefahr, dass der Menschheit in absehbarer Zeit das Trinkwasser ausgehen wird, zumal Trinkwasser zu einem gewissen Teil auch mehrfach genutzt werden kann. Die hohen Anforderungen an die Qualität stellen aber in vielen Regionen der Erde ein Problem dar. Eine Verschmutzung der blauen Wasserströme durch andere Nutzungen, z. B. durch Industrie oder durch die Düngemittel und Pestizide der Landwirtschaft, reduzieren dementsprechend die Trinkwasserressourcen und treiben entweder die Aufbereitungskosten in die Höhe oder führen zu den im Zusammenhang mit dem Aralsee beschriebenen Gesundheitsproblemen.

6.2 Sanitärwasser

Gesunde Lebensbedingungen setzen Hygiene, das Waschen der Lebensmittel und der Kleidung sowie den Abtransport von Abfällen und deren anschließenden möglichst umfassenden Abbau und Umbau zu Nährstoffen voraus. Diese Erkenntnis war Voraussetzung dafür, die großen Cholera-, Typhus- und Pestepidemien, die Europa im Mittelalter und der angehenden Neuzeit heimgesucht haben und Millionen Menschenleben forderten, auszurotten. Um bei den damals steigenden Bevölkerungszahlen die Hygiene zu sichern und den Abtransport und den Abbau der Abfälle zu gewährleisten und zu unterstützen, reichten die natürlichen Transportwege über die Bäche und Straßen der Städte sowie das Abspülen der Fäkalien durch den Niederschlag nicht mehr aus. Inzwischen zweifelt niemand mehr daran, dass hygienische Verhältnisse in Dörfern und Städten, also bei erhöhter Bevölkerungsdichte, am besten mit Wasserversorgungsnetzen, Kanalisationssystemen und Kläranlagen zu erreichen sind. Diese sind, um zu funktionieren, auf ein Minimum an Wasserfluss angewiesen. Er liegt bei geschätzten 20 und 40 Liter pro Person und Tag und damit 5- bis 10-mal höher als der Trinkwasserbedarf.

Ein Wasserverbrauch von zusammen 20 bis 40 Liter Wasser pro Person und Tag stellt das Minimum dar, das ein Mensch für ein gesundes, lebenswürdiges Dasein benötigt (Falkenmark, 2004). Man müsste dafür den Flüssen weltweit 1,5 bis 3 Promille ihres Wassers entnehmen. Ein großer Teil käme nach Benutzung und geeigneter Klärung wieder in die Flüsse zurück. Auch wenn in einer Region bedeutend weniger Wasser verfügbar wäre, scheint damit zunächst die Frage danach, wann der Menschheit das Wasser ausgeht, wohl geklärt. Die

Basisversorgung von 6,5 Milliarden Menschen mit Trinkwasser und Wasser für die grundlegenden sanitären Einrichtungen hält die Erde für uns leicht bereit. Auch wenn sich die Anzahl der Menschen in den nächsten einhundert Jahren verdoppeln würde, würde sie nicht einmal ein Prozent der verfügbaren blauen Wasserströme nutzen. Trinkwasser und Hygiene sind somit für die absehbare Zukunft aus Sicht des verfügbaren blauen Wassers gesichert. Dies scheint zunächst eine durchaus beruhigende Perspektive zu sein.

Die Realität schert sich aber, wie so oft, nicht um globale Betrachtungen, sondern kennt nur regional Betroffene. Dementsprechend weicht sie massiv von dem beruhigenden Bild, das ich gerade versucht habe zu malen, ab. Etwa 2,6 Milliarden Menschen hatten im Jahr 2004 keinen Zugang zu den notwendigsten hygienischen Einrichtungen und damit zu dem Minimum an Sanitärwasser, das ein gesundes Leben gewährleistet (WHO / UNICEF, 2004). Zum Minimum an sanitären Einrichtungen gehört der Anschluss an ein Abwassersystem, der Anschluss an ein keimfreies Trinkwassersystem sowie eine Spültoilette oder zumindest eine Sickergrube. Dies ist aus Sicht eines Mitteleuropäers eigentlich nicht zu viel verlangt. 75 % oder 2 Milliarden Menschen, die das nicht haben, leben in Asien, 18 % in Afrika, 5 % in Lateinamerika und der Karibik.

An dem nicht verfügbaren Wasser kann dieser Zustand nicht liegen, auch in sehr trockenen Regionen ist genügend Trink- und Sanitärwasser vorhanden. Es fehlen die Einrichtungen und die gesellschaftlichen Strukturen, um die Einrichtungen nachhaltig zu betreiben.

In den letzten Jahrzehnten wurde auf diesem Gebiet viel getan, es war allerdings nicht genug. Zwischen 1990 und 2000 wurden schätzungsweise eine Milliarde Menschen zusätzlich mit den beschriebenen sanitären Mindestanforderungen ausgestattet. Dies ist ein ungeheuerer Erfolg der internationalen Bemühungen, die Lebensbedingungen auf der Erde zu verbessern. Dieser Erfolg wurde allerdings durch den explodierenden Bevölkerungszuwachs aufgefressen, sodass nach einem Jahrzehnt größter Anstrengung im Jahr 2000 leider nicht eine Milliarde Menschen weniger unter ungesunden sanitären Verhältnissen zu leiden hatten, sondern absolut gesehen 500 Millionen Menschen mehr als 1990. Wie Sisyphus kämpfen wir hier also gegen die rapide zunehmende Weltbevölkerung an und haben nach einem Jahrzehnt zwar viel erreicht aber kaum etwas verbessert. Im südlichen Afrika ist deshalb der Anteil der Bevölkerung, der unter schlechten sanitären Verhältnissen zu leiden hat, von 1990 bis 2002 sogar von 32 % auf 36 % gestiegen. In Ozeanien dagegen ist er von einem sehr hohen Niveau im Jahr 1990 bis zum Jahr 2000 stark gesunken. Auch Ostasien vermeldet große Fortschritte (SIWI, 2004).

Die Unterschreitung des blauen Wasserflusses von 20 bis 40 Liter pro Tag und die damit zusammenhängenden schlechten hygienischen Verhältnisse ziehen dramatische Folgen nach sich. Der fehlende Zugang zu sauberem Wasser, sanitären Einrichtungen und einem Mindeststandard an Hygiene sind Hauptursachen der wasserbedingten Krankheiten. Zu ihnen gehören zuvorderst die bakteriell ausgelösten Durchfallerkrankungen wie Cholera, Typhus und Ruhr, Viruserkrankungen wie Kinderlähmung und Hepatitis A, aber auch eine breite Palette von Parasitenkrankheiten. Wasserbedingte Krankheiten stellen das drittgrößte Gesundheitsrisiko in den Entwicklungsländern dar. Auch der mit Abstand weltweit größte gesundheitliche Risikofaktor, das zu geringe Körpergewicht durch Unterernährung, geht in vielen Fällen auf schlechte Wasserqualität und Hygiene zurück. Die häufigsten

Folgen von schlechtem Trink- und Sanitärwasser sind Durchfallerkrankungen. Viele Mütter werden bei schlechter Ernährungslage durch eine Durchfallerkrankung so geschwächt, dass sie nicht in der Lage sind, ihre Kinder weiter zu ernähren. Viele Kinder verhungern, weil sie die Nahrungsmittel wegen Durchfalls nicht aufnehmen können. Etwa 2,3 Millionen Todesfälle gehen pro Jahr direkt auf das Konto der drei eng miteinander verbundenen Faktoren fehlendes sauberes Wasser, fehlende sanitäre Einrichtungen und fehlende Hygienestandards. Dabei ist besonders tragisch, dass 90 % der Todesfälle Kinder unter fünf Jahren sind.

Eine aktuelle Studie, die von Fewtrell (2005) durchgeführt wurde, hat die Fakten zur Wirksamkeit der Einführung von sauberem Wasser, sanitären Einrichtungen und einer Basishygiene klar aufgezeigt. Er hat untersucht, in welchem Maß unterschiedliche Maßnahmen die Sterberaten bei Durchfallerkrankungen verringern können. Dies waren seine Ergebnisse:

- Eine Verbesserung der Wasserversorgung reduzierte die Sterberate bei Durchfallerkrankungen um 6 % bis 25 %. Dies gilt vor allem für die gefährlichsten Varianten wie Cholera und Typhus.
- Eine Verbesserung der sanitären Einrichtungen reduzierte die Sterberate bei Durchfallerkrankungen im Schnitt um 32 %.
- Eine Verbesserung der hygienischen Verhältnisse zusammen mit einer verbesserten Aufklärung und einer Werbung fürs Händewaschen hatte im Schnitt die Sterberate um 45 % reduziert.
- Eine Verbesserung der Qualität des Trinkwassers durch Maßnahmen beim Endverbraucher, wie Chlorung vor Ort,

Abkochen und eine saubere Lagerung kann zu einer weiteren Reduzierung der Sterberate bei Durchfallerkrankungen um 35 % führen.

Das sind deutliche Zahlen, die zeigen, wie unmittelbar Wasserqualität, sanitäre Einrichtungen und Hygiene die Gesundheit der Menschen positiv beeinflussen. Der positive Einfluss verbesserter sanitärer Verhältnisse geht indes weit über die Durchfallerkrankungen hinaus. Er erstreckt sich auf weitere sechs Krankheitsbilder, bei denen ein positiver Einfluss von verbesserter Wasserversorgung, sanitärer Einrichtung und Hygiene auf den Gesundheitszustand der Bevölkerung nachgewiesen werden konnte.

Global gesehen sind diese Krankheiten ebenfalls bedeutend. Schätzungsweise 160 Millionen Menschen sind mit Bilharziose infiziert. Bilharziose ist eine Parasitenkrankheit, die von Egeln hervorgerufen wird, vorwiegend Fischer und Reisbauern befällt und zu leidvollem Befall der inneren Organe führt, wie in Abb. 25 zu sehen ist. Geschätzte 133 Millionen Menschen leiden unter Parasitenbefall von Spul-, Peitschen- und Hackenwürmern, die nicht selten zu schweren Folgen wie Bewusstseinsstörungen, massiver Ruhr, Blutarmut oder Lungenentzündung führen.

Wasserbedingte Krankheiten gehören weltweit zu den größten Bedrohungen des Menschen. Global gesehen sterben laut Tab. 7 mehr Menschen an Durchfallerkrankungen als an Tuberkulose oder Malaria. Dabei sind tragischerweise vor allem Kinder die Betroffenen. Durchfallerkrankungen treten häufig auch in Kombination mit den anderen untersuchten Krankheiten auf und schwächen die Patienten zusätzlich. Oft ist es auch so, dass die schlechten Hygieneverhältnisse die Pflege der Kranken durch die Angehörigen erschweren.

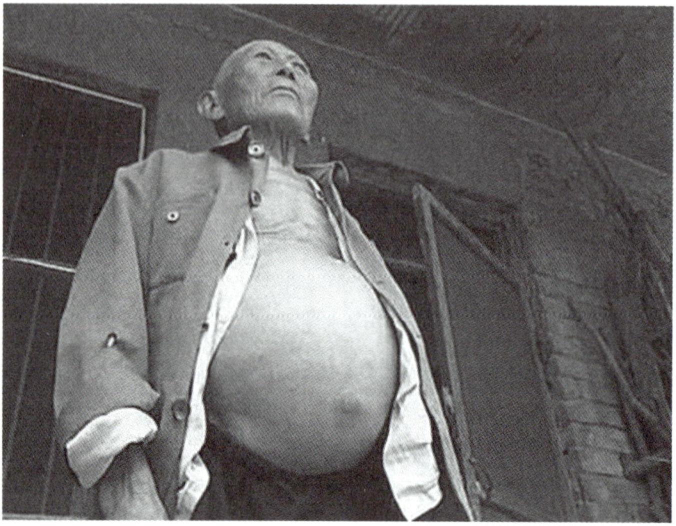

Abb. 25 Bilharzioseerkrankter Fischer in der Provinz Jiangxi in China (pers. Mitteilung: W. B. Zouh).

Die mit Abstand schwersten Schäden, die die wasserbedingten Krankheiten anrichten, liegen allerdings bei den Millionen Befallenen. Durchfall aufgrund verschmutzten Wassers verstärkt die durch die Schwächung des Körpers verursachte Armut. Er bindet Arbeitskraft, vor allem die der Frauen, die ihre kranken Angehörigen pflegen müssen und darüber hinaus täglich gezwungen sind, große Strecken zurücklegen, um saubereres Wasser von weither zu transportieren. Und ständiger Durchfall erschwert die Ausbildung der Kinder und schmälert damit ihre Zukunftschancen. Durchfallerkrankungen stehen damit vielerorts am Anfang eines fast ausweglosen Teufelskreises, der aus schlechten Hygieneverhältnissen entsteht, die Arbeit der Eltern unproduktiv macht, durch Krankheit zu deren frühen Tod führt, in der

Folge Krankheit und schlechte Ausbildung der Kinder verursacht. Die Armut der jungen Familien, die diese Kinder gründen, ist vorgezeichnet. Schlechte hygienische Verhältnisse sind die Folge.

Krankheit	**Tote Kinder unter 4 Jahren** [Millionen]	**Tote insgesamt** [Millionen]
Atemwegserkrankungen	2,4	4,35
Durchfallerkrankungen	2,1	2,3
Malaria	1,6	1,7
HIV/AIDS	0,45	3,3
Tuberkulose	0	2,1

Tab. 7 Ursachen der Todesfälle von Kindern unter vier Jahren sowie der Gesamtbevölkerung in Entwicklungsländern 2002 (SIWI, 2004).

Hinter der lapidaren Aussage, dass der Mensch zwischen 20 und 40 Liter Wasser pro Tag braucht, verbirgt sich also eine folgenschwere Dimension. Die Frage, wie lange die Ressource Wasser noch reicht, ist im Fall der Versorgung der Menschen mit Trink- und Sanitärwasser vor allem eine Frage der Wasserqualität und erst in zweiter Linie eine Frage der Wassermenge. Mehrere Milliarden Menschen leiden weltweit unter mangelnder Wasserqualität. Zu glauben, sie würden in Zukunft an Wassermangel verdursten, trifft demnach nicht den Kern des Problems, wenn sie vorher elend an Krankheiten zugrunde gehen.

6.3 Wasser für die Industrie

Die Erzeugung industrieller Produkte ist auf vielfältige Weise auf Wasser angewiesen. Wasser wird unter anderem verwendet, um Energie zu gewinnen, um landwirtschaftliche Produkte zu veredeln, zum Beispiel in der Bierproduktion, um industrielle Prozesse zu kühlen, wie bei der Energieproduktion oder bei der Stahlgewinnung, um Güter zu reinigen, wie in der Halbleiterindustrie, sowie um industrielle Abfälle abzutransportieren.

Die Industrie verwendet fast ausschließlich blaues Wasser, wobei die Kühlung von Wärmekraftwerken, die Energieerzeugung, die Papier- und Zellstoffindustrie, die Zementindustrie und die Erdölraffinierung die Hauptwassernutzer darstellen. Wasser wird beim Durchlaufen der industriellen Prozesse in der Regel nur zu einem kleinen Anteil verbraucht. Im Wesentlichen wird es in seiner Zusammensetzung oder seinen Eigenschaften verändert. Dies geht von harmloser Erwärmung über die Abfallbeseitigung der Haushalte bis zur Anreicherung von Säuren und toxischen Substanzen im Abwasser von Fabriken. Hier gewinnt das Verhältnis zwischen Ober- und Unterliegern an Bedeutung. Ein Oberlieger kann nämlich durch seine Nutzung bzw. Verschmutzung des Wassers die weitere Nutzung des Wassers flussabwärts unmöglich machen. Industrielle Prozesse eignen sich deshalb besonders dann für die Mehrfachnutzung des entnommenen Wassers, wenn sowohl Ober- als auch Unterlieger im selben Unternehmen sitzen. Dann können, wie das in vielen Unternehmen schon geschieht, aus einer umfassenden Kosten-Nutzen-Analyse von Verschmutzungs- und Reinigungskosten für das eingesetzte Wasser Kostenvorteile abgeleitet werden. Der Grad der Mehrfachnutzung von Wasser, d. h. die Anzahl der Wiederverwendungen eines Volumens Wasser, ist in hohem Maß abhängig von der Branche und den eingesetzten Technologien. Im Extremfall wird, wie zum Beispiel im Audi-Werk in Ingolstadt, das zur Autoproduktion genutzte Wasser zu über 98 % wieder verwendet.

Jahr	Papier-industrie	Chemische Industrie	Öl- und Kohleindustrie	Schwer-industrie	Verarbeitende Industrie
1954	2,4	1,6	3,3	1,3	1,8
1959	3,1	1,6	4,4	1,5	2,2
1964	2,7	2,0	4,4	1,5	2,1
1968	2,9	2,1	5,1	1,6	2,3
1973	3,4	2,7	6,4	1,8	2,9
1978	5,3	2,9	7,0	1,9	3,4
1985	6,6	13,2	18,3	6,0	8,6
2000	11,8	28,0	32,7	12,3	17,1

Tab. 8 Wiederverwendungsrate von Wasser als Anzahl der Wiederverwendungen eines bestimmten Volumens Wasser in verschiedenen Branchen der deutschen Industrie (nach WBGU, 1997).

Tab. 8 zeigt eine Aufstellung der historischen Entwicklung der Wiederverwendungsrate in verschiedenen Industriebranchen in Deutschland. Die Wiederverwendungsrate ist danach bei der Öl- und Kohleindustrie ca. dreimal so hoch wie bei der Schwerindustrie. Tab. 8 zeigt auch eindrücklich, in welchem Maß die Wiederverwendungsrate in den letzten Jahrzehnten in Deutschland angestiegen ist. Dies hat seinen Grund vor allem in der zunehmend eingesetzten Wärmerückgewinnung bei der Nutzung von Wasser als Kühlwasser. Nach Entzug der zur Kühlung aufgenommenen Wärmeenergie kann das Wasser ohne Beeinträchtigung wieder zur Kühlung verwendet werden.

Die Betrachtung der Nutzung von Wasser in industriellen Prozessen zeigt, dass eine über den gesamten Prozess hinweg durchgeführte Kosten-Nutzen-Rechnung bei gleichzeitiger Entwicklung geeigneter Technologien zur Aufbereitung von Wasser zu einer massiven Steigerung der Wiederverwendungsrate führt. Dies gibt einen ersten Hinweis darauf, in welchem Ausmaß die Wiederverwendungsrate des Flusswassers weltweit gesteigert werden könnte, indem ein übergreifendes Management der Wasserressourcen unter Einbeziehung der Ober- und Unterliegerinteressen stattfinden würde.

Die unterschiedlichen Industrien sowie der unterschiedliche Grad der Verschmutzung des Wassers durch verschiedene industrielle Prozesse macht es naturgemäß schwer, den industriellen Wasserverbrauch in Zahlen zu fassen. Angaben schwanken von weniger als 10 m^3 pro Person und Jahr für Entwicklungsländer bis zu 140 m^3 pro Person und Jahr für industrialisierte Länder. Der industrielle Wasserverbrauch der hoch entwickelten Länder Westeuropas sinkt inzwischen, was zunächst auf die vermehrte Wiederverwendung des Wassers zurückgeht. Eine weitere große Reduzierung der industriellen Wassernutzung hat ihren Ursprung in Westeuropa darin, dass wasserintensive Industrien inzwischen in Schwellenländer wie China, Indien, Brasilien und Südafrika ausgelagert wurden. Die zuverlässigste Zahl für den durchschnittlichen industriellen Wasserverbrauch stellt sicher der auf eingehenden Analysen von Shiklomanov (2000) basierende Wert von 130 Liter pro Person und Tag dar.

Wir haben in diesem Kapitel untersucht, wie viel Wasser ein Mensch für ein gesundes Leben mindestens benötigt, und kamen dabei auf eine Menge von 20–40 Liter pro Tag. Das entspricht im Schnitt insgesamt ca. 11 m^3 Wasser pro Jahr. Wie sieht nun der tatsächliche direkte Wasserverbrauch der Menschen in verschiedenen Regionen der Erde aus? Er ist in Tab. 9 dargestellt.

Hier wird der große Graben sichtbar, der in den industrialisierten Ländern zwischen dem minimal notwendigen und dem tatsächlichen direkten Wasserverbrauch bei den Haushalten klafft. Der durchschnittliche Wasserverbrauch der Haushalte in Afrika entspricht mit 10 m^3 pro Person und Jahr ziemlich genau der minimal notwendigen Menge von 11 m^3

Direkter Wasserverbrauch [m³ pro Person und Jahr]			
	USA	Europa	Afrika
Haushalte	100	57	10
Dienstleistungen	140	35	8
Industrie	126	140	7
Summe	366	232	25

Tab. 9 Direkter Wasserverbrauch nach Regionen und Sektoren (nach Falkenmark, 2004).

pro Person und Jahr. Praktisch heißt das, dass jeder zweite Afrikaner zu wenig direktes Wasser verbrauchen kann und jeder zweite mehr als das Minimum verbrauchen darf. Der Verbrauch der Haushalte in Europa liegt demgegenüber fünfmal und in den USA zehnmal so hoch wie das notwendige Minimum. In allen drei Regionen ist genügend Wasser verfügbar, um es zu nutzen. Der einzige Unterschied ist der Grad der Entwicklung der verschiedenen Weltregionen.

Zusammenfassend ergeben sich an dieser Stelle einige klare Feststellungen:

1. Die Gesundheit des Menschen wird im Wege der Sicherstellung hygienischer Verhältnisse in hohem Maß bestimmt durch die Verfügbarkeit von genügend Trink- und Sanitärwasser.
2. Die Menge an Trink- und Sanitärwasser, die der Mensch für ein gesundes Leben benötigt, kann das Lebenserhaltungssystem der Erde im Prinzip leicht und ohne Beeinträchtigung zur Verfügung stellen. Der Mensch nutzt für diese Zwecke zurzeit weit unter einem Prozent des weltweit verfügbaren blauen Wassers. Es ist also bei Weitem genügend Wasser vorhanden, um eine ausreichende Trink- und Sanitärwasserversorgung aller Menschen sicherzustellen. Dies

schließt auch diejenigen ein, die nach den gängigen Prognosen zur Bevölkerungsentwicklung noch hinzukommen werden und noch gar nicht geboren sind.

3. Auch in Regionen mit geringen Niederschlägen herrscht kein Mangel an Trink- und Sanitärwasser. Wenn es dort Probleme gibt, so hat dies seine Ursache in schlechten Verteilungssystemen und schlechtem Management.
4. Die weitere Entwicklung von 2,6 Milliarden Menschen auf der Erde hängt davon ab, ob sie Zugang zu sauberem Trinkwasser, sanitären Einrichtungen und verbesserten hygienischen Verhältnissen bekommen. Dies ist keine Frage der mangelnden Naturressource Wasser, sondern eine Frage der mangelnden ökonomischen Ressource Geld sowie der mangelnden politischen Ressource Verantwortung.

6.4 Wasser für die Ernährung

Nachdem für den Bereich des Trink- und Sanitärwassers die zentrale Frage des Buches »Wie lange reicht die Ressource Wasser?« nun beantwortet ist und zu einer überraschend klaren und positiven Antwort geführt hat, liegt der Fall im Bereich der Ernährung nicht ganz so einfach. Wir kehren deshalb zu den Ausführungen im vorherigen Kapitel zurück. Dort stand die Frage im Mittelpunkt, wie und zu welchem Grad der Mensch die Landnutzung auf der Erde und damit die Flüsse von blauem und grünem Wasser kontrolliert und ob er mit seiner Kontrolle den Niederschlag in die Atmosphäre oder in die Flüsse leitet. Es hat sich gezeigt, dass Landnutzungsänderungen mit dem Ziel betrieben werden, Nahrungsmittel in Form von Getreide, Gemüse und Fleisch zu produzieren. Das Wachstum der Nutzpflanzen und damit die Ernährung der

Menschen wird also vom grünen Wasserstrom der Pflanzentranspiration gesichert.

Für den Moment sollten wir die Frage nach den blauen und grünen Wasserströmen zurückstellen und uns der Frage zuwenden, wie viel Wasser benötigt wird, um den täglichen Kalorienbedarf eines Menschen zu decken. Dabei soll zunächst egal sein, woher das Wasser kommt.

Die Ernährungs- und Landwirtschaftsorganisation FAO der Vereinten Nationen hat dazu im Vorfeld des Welternährungsgipfels 1996 eine einfache aber einleuchtende Abschätzung vorgelegt, die ich im Folgenden vorstellen möchte. Die FAO ging davon aus, dass jedem Menschen auf der Erde die Nahrungsmittel zur Verfügung stehen, die er für ein gesundes Leben benötigt. Bei einer ausgewogenen Diät und durchschnittlicher körperlicher Aktivität benötigt der Mensch im Schnitt 3000 kcal pro Tag. Für die FAO besteht eine ausgewogene Ernährung aus 2400 kcal pro Tag aus pflanzlichen Nahrungsmitteln und 600 kcal pro Tag aus tierischen Nahrungsmitteln. Der Anteil an tierischen Nahrungsmitteln erscheint dem durchschnittlichen Mitteleuropäer zu gering. Wir sind schon seit mindestens einer Generation an viel mehr Fleisch auf unseren Tellern gewöhnt. Da dieser hohe Anteil aber nicht Voraussetzung für eine gesunde Ernährung ist, möchte ich bei der Annahme der FAO bleiben.

Tab. 4 hat uns gezeigt, dass über den Transpirationskoeffizienten der grüne Wasserstrom direkt mit dem Aufbau der Trockenmasse von Vegetation verbunden ist. Die Menge an produzierter Trockenmasse entspricht aber noch nicht der endgültigen Menge an produzierten Nahrungsmitteln. Dazu müssen die Ernterückstände, also Halme, Ähren und Blätter abgerechnet werden. Sie stellen ja ebenfalls aus CO_2 aufgebaute Biomasse dar, können aber vom Menschen nicht verwertet werden. Die Ernterückstände bilden den Hauptanteil der Ernte. Bei den gebräuchlichsten Nutzpflanzen liegt er bei 2/3 der Biomasseproduktion. 1/3 ist damit die eigentliche Ernte. Damit verdreifacht sich die benötigte Menge Wasser, um zum Beispiel 1 kg Weizenmehl zu erzeugen. Sie liegt somit bei ungefähr 1500 Liter Verdunstungswasser (FAO, 1999). Eines der Züchtungsziele war und ist es deshalb, den Anteil der Ernterückstände an der Ernte im Verhältnis zum Körnerertrag zu verringern und damit die Wassernutzungseffizienz der Pflanzen zu verbessern. Bei Weizen haben Hochleistungssorten inzwischen einen Körneranteil an der gesamten geernteten Biomasse und damit einen Ernteindex von mehr als 50 % erreicht.

Tab. 10 gibt Auskunft über den Wassereinsatz. Dies ist die Menge Wasser, die verdunstet werden muss, um mit verschiedenen Pflanzen 1000 kcal an Nahrungsmitteln zu erzeugen. Um 1 kg Weizenmehl zu erzeugen, werden die erwähnten 1500 Liter Verdunstungswasser benötigt. Bei einem Nährwert von 3200 kcal pro Kilogramm Weizenmehl werden somit 470 Liter Verdunstungswasser benötigt, um 1000 kcal Nahrungsmittel zu erzeugen. Vergleicht man die verschiedenen aufgeführten Kategorien pflanzlicher Nahrungsmittel, so fällt auf, dass doch große Unterschiede existieren in der Sparsamkeit, mit der verschiedene Nutzpflanzen bei der Nahrungsproduktion mit dem Wasser umgehen. 1000 kcal sind bei der Erzeugung von Pflanzenöl schon für 230 Liter Wasser zu haben, während man für 1000 Kalorien in Form von Gemüse über 2000 Liter Wasser investieren muss. Im Durchschnitt bekommt man, wie in der letzten Zeile von Tab. 10 zu sehen ist, für ca. 500 Liter Verdunstungswasser pflanzliche Nahrungsmittel mit einem Brennwert von 1000 kcal. Um die 2400 kcal, die ein Mensch täglich aus pflanzlichen Nahrungsmitteln zu

Nahrungsmittel	**Grüner Wasserverbrauch** [l/kg]	**Grüner Wasserverbrauch** [l/1000 kcal]
Weizenmehl	1500	470
Knollenfrüchte	700	780
Zuckerpflanzen	150	490
Hülsenfrüchte	1900	550
Ölpflanzen	2000	730
Pflanzenöl	2000	230
Gemüse	500	2070
Durchschnitt		**530**

Tab. 10 Grüner Wassereinsatz zur Erzeugung verschiedener Arten pflanzlicher Nahrungsmittel in Liter pro Kilogramm Nahrungsmittel (Spalte 2) und Liter pro 1000 Kilokalorien (Spalte 3).

sich nehmen sollte, zu erzeugen, muss somit 1200 Liter Verdunstungswasser pro Tag eingesetzt werden.

Wenn man der FAO weiter folgt, so benötigt die Produktion von 1000 kcal tierischer Nahrung in Form von Fleisch 4000 Liter Verdunstungswasser. Die Wassermenge, die benötigt wird, um die äquivalente Menge Fleisch zu produzieren, liegt damit achtmal so hoch wie bei der Produktion von Getreide. Dies ist eine von der FAO noch recht optimistisch gewählte, durchschnittliche Angabe. Tatsächlich ist dieser niedrigere Wassereinsatz nur bei Stallhaltung zu erreichen. Dann setzen die Tiere wegen der eingeschränkten Bewegungsfreiheit und der für die Gewichtszunahme optimalen äußeren Bedingungen das Futter in viel Fleisch und Milch um. Bei freilebenden Tieren liegt der Einsatz von grünem Wasser für die Mast bedeutend höher und kann wegen der ausgiebigen Bewegung und dem bisweilen möglichen Hunger- oder Kältestress bis zu 17 000 Liter für 1000 Kalorien Fleisch betragen.

Woran liegt dieser krasse Unterschied im Einsatz grünen Wassers in Vegetation und Tierwelt? Ausgangsprodukt für die Produktion von Fleisch ist Vegetation. Diese wird von den Tieren aufgenommen und liefert zum überwiegenden Teil die nötige Energie zur Lebenserhaltung der Tiere. Nur ein kleiner Teil von etwa 10 % der in den Futtermitteln enthaltenen Energie geht in das Wachstum der Tiere und damit in den Aufbau von Fleisch. Mit dieser Abschätzung werden also zur Produktion von 600 kcal tierischer Nahrungsmittel pro Tag 2400 Liter grünen Wassers benötigt.

Insgesamt beläuft sich damit der Wassereinsatz, um einem Menschen eine gesunde, ausgewogene Ernährung zu sichern, auf ca. 3600 Liter pro Tag oder entsprechend 1300 m^3 pro Jahr. Dies ist, wie die Entstehungsgeschichte dieser Zahl gezeigt hat, eine recht vereinfachte aber realistische Abschätzung des grünen Wasserflusses, der jedem Menschen zur Verfügung stehen sollte, um seine Ernährung zu sichern.

Was bedeutet diese Zahl? Wenn wir die Wassermenge von 3600 Liter pro Tag dem minimal benötigten Wasserverbrauch für Trink- und Sanitärwasser sowie Industriewasser von 160 Liter pro Tag gegenüberstellen, so erscheint der Wassereinsatz, den der Mensch für seine Ernährung benötigt, exorbitant groß. Wir verbrauchen damit die rund 25fache Wassermenge für eine ausreichende Nahrungsmittelversorgung wie für akzeptable hygienische Verhältnisse. Noch gravierender ist, dass der Wassereinsatz für die Nahrungsmittelversorgung sich grundsätzlich vom Wasserverbrauch für Trink- und Sanitärwasser unterscheidet. Alle Möglichkeiten, die Kapazität des agrarischen Produktionssystems durch geschickte Mehrfachnutzung des grünen Wasserstroms auszuweiten, sind nämlich versperrt. Dieselbe Verdunstung kann nämlich grundsätzlich nicht mehrfach genutzt werden. Dies steht im Widerspruch zum blauen Wasser, bei dem z. B. Flusswasser bei geschickter Koordination fast beliebig oft genutzt werden kann.

Wie realistisch gibt die vereinfachte Abschätzung der FAO nun die Wirklichkeit wieder? Gleick (2000) hat eine sehr viel aufwendigere Untersuchung über den Status der Wasserressourcen auf der Erde und den Zusammenhang mit der Welternährungslage durchgeführt. Er geht dabei nicht davon aus, wie viel Wasser ein Mensch für eine gesunde Ernährung benötigt, sondern wie viel Nahrungsmittel tatsächlich produziert und wie sie konsumiert werden. Dabei werden die unterschiedlichen Ernährungsgewohnheiten in verschiedenen Regionen der Erde mit berücksichtigt. Er kommt zu dem Schluss, dass der tatsächliche durchschnittliche Wassereinsatz für die Nahrungsmittelproduktion heute bei 1200 m^3 pro Person und Jahr liegt. Das bedeutet, dass die heute für die Ernährung der Weltbevölkerung aufgewendete Wassermenge schon recht nahe an die 1300 m^3 pro Person und Jahr heranreicht, die man für eine gesunde Ernährung fordern muss.

Ist damit gegenwärtig also eigentlich alles in Ordnung? Zunächst die gute Nachricht: Im Prinzip wird heute schon weltweit genug grünes Wasser genutzt, um alle Menschen auf der Erde gesund ernähren zu können. Die Erde verfügt also über die nötigen Mengen an grünem Wasser. Über den Grad der Nachhaltigkeit bei der gegenwärtigen Nutzung der Ressource Wasser ist damit allerdings noch nicht viel gesagt. Und nun die schlechte Nachricht: Betrachtet man die grünen Wasserströme für die Ernährung genauer, so ergeben sich große regionale Unterschiede. Während die Nordamerikaner 1800 und die Europäer 1600 m^3 pro Person und Jahr für die Ernährung verbrauchen, werden in Teilen Afrikas und Asiens nur 600 bis 900 m^3 pro Person und Jahr zur Nahrungsmittelproduktion eingesetzt. Der weltweite Durchschnitt suggeriert somit nur scheinbar einen befriedigenden Einsatz grüner Wasserflüsse für die Nahrungsmittelproduktion.

6.5 Wasser und Lebensstile

Die großen Unterschiede zwischen den industrialisierten Ländern und den Entwicklungsländern ergeben sich aus der unterschiedlichen Ernährung. Während in den Industrieländern der Anteil tierischer Nahrungsmittel an der täglichen Kalorienzufuhr bei 30–35 % liegt und den grünen Wasserverbrauch in die Höhe treibt, versteckt sich hinter den geringen Zahlen der ärmsten Entwicklungsländer eine generell zu niedrige Kalorienaufnahme der Bevölkerung. Hinter der nackten Zahl von 600 bis 900 m^3 Verdunstungswasser pro Person und Jahr in diesen Regionen stehen ca. 800 Millionen unterernährte Menschen. In den Entwicklungsländern muss also der Wassereinsatz zur Nahrungsmittelproduktion gesteigert werden. Um den angestrebten globalen Wasserverbrauch zur Sicherung einer gesunden Ernährung von mindestens 1300 m^3 Verdunstungswasser pro Person und Jahr zu erreichen, liegt es nahe, dass die entwickelten Länder Nordamerikas und Europas ihren Wassereinsatz zur Nahrungsmittelproduktion reduzieren und damit ihre Essgewohnheiten zukünftig umstellen. Vieles deutet darauf hin, dass dies bereits begonnen hat. In vielen Ländern Europas sinkt die Kalorienaufnahme der Bevölkerung allmählich. Auch geht in den letzten Jahren der Fleischkonsum in Westeuropa zurück. Dieser Trend beruht auf wachsenden Gesundheitsbedenken gegenüber einem zu hohen Anteil tierischer Nahrungsmittel. Diese ersten vagen Anzeichen einer Reduzierung des Wassereinsatzes für die Ernährung geben aber noch keinen Anlass zu glauben, dieser könnte sich in absehbarer Zeit von den heutigen 1700 m^3 pro Person und Jahr den gewünschten 1300 m^3 pro Person und Jahr annähern. Realistischer ist vielmehr, einen Wasserverbrauch von 1300 m^3 pro Person und Jahr für die

Entwicklungsländer und 1600 m^3 pro Person und Jahr für die entwickelten Länder anzustreben, wie dies in Tab. 11 dargestellt ist.

	Der Wasserverbrauch des Menschen in m^3 pro Person und Jahr			
	angestrebt		tatsächlich	
	Entwicklungsländer	Industrieländer	Durchschnitt	Bereich
Ernährung	1300	1600	1200	600–1800
Haushalt	40	40	30	20–40
Industrie	130	130	130	10–140
Summe	1470	1760	1360	630–1980

Tab. 11 Tatsächlicher und angestrebter Wasserverbrauch des Menschen in den Entwicklungs- und Industrieländern (nach Falkenmark, 2004).

Hier ist der Wasserverbrauch des Menschen in zwei Rubriken zusammengefasst. Unterschieden ist dabei zwischen dem Wasserverbrauch, den ein Mensch für ein gesundes, hygienisches Leben benötigt, unabhängig davon, wo er auf der Erde lebt, und dem heute gebräuchlichen Wasserverbrauch. Die letzte Spalte zeigt, dass der tatsächliche Wasserverbrauch der Menschen in verschiedenen Gegenden der Erde um den Faktor drei schwanken kann. Dies hat ausschließlich mit den unterschiedlichen Lebensstilen der Menschen in unterschiedlichen Kulturkreisen und den für die Ernährung eingesetzten Wasserressourcen zu tun.

Die relativ einfachen Überlegungen der FAO zum Wasserbedarf für eine gesunde, ausgewogene Ernährung haben zu einem menschlichen Basis-Wasserverbrauch von 1300 m^3 pro Person und Jahr geführt. Die FAO ist dabei schon davon ausgegangen, dass eines der Anzeichen gesunder Ernährung die Balance von pflanzlichen und tierischen Nahrungsmitteln ist. Eine rein vegetarische bzw. rein nicht-vegetarische Ernährung wird demnach in der internationalen Betrachtung als unrealistisch angesehen. Abgesehen von den lebensanschaulichen Differenzen, die zu diesem Thema speziell in unserer Kultur bestehen, ist bei der Analyse der benötigten Wassermenge zur Bereitstellung der ausgewogenen Nahrungsmittel eines sehr klar geworden: Die Produktion von Fleisch ist im besten Fall mit dem dreifachen und im schlechtesten Fall mit dem 17fachen Wassereinsatz verbunden wie die Produktion der gleichen Menge pflanzlicher Nahrungsmittel.

Die Zusammensetzung des Speiseplans bestimmt also weitgehend den Wassereinsatz.

Wie groß ist die Spannweite beim Wassereinsatz, die sich durch den Speiseplan und damit durch den Lebensstil ergibt? Der minimale Wassereinsatz entspricht einer rein vegetarischen Ernährung. Es ist möglich, 3000 kcal pro Tag mit einem Wassereinsatz von 550 m^3 pro Person und Jahr zu erzeugen, das sind immerhin nur 42 % der empfohlenen Menge von 1300 m^3 pro Person und Jahr. Man könnte also durch eine Umstellung der Erdbevölkerung auf eine rein vegetarische Ernährung den gegenwärtigen Wasserverbrauch halbieren. Damit könnte man (rein theoretisch) die Weltbevölkerung verdoppeln. Das könnte optimistisch stimmen.

Der maximale Wassereinsatz besteht in einem Anteil von 40–50 % tierischer Nahrung an der Deckung des täglichen Kalorienbedarfs. Das entspricht weitgehend dem Wunschtraum der Mehrheit der Menschen. In Amerika, Australien und Europa ist es der Traum vom tellergroßen Steak aus den Hüften freigrasender Rinder, die ihr Futter aus weitläufigen Weideländern beziehen, oft noch gewürzt mit einem Schuss Wild-West Romantik. In Südost-Asien ist es der Traum von der täglichen Peking-Ente und im Orient von der täglichen üppigen Ration Lammfleisch. Nur die Menschen in Indien machen dabei eine Ausnahme, ihr Speisezettel ist traditionsgemäß weitgehend vegetarisch.

Eine einfache Rechnung ergibt im Fall fleischreicher Ernährung einen grünen Wassereinsatz von 12 000 m^3 pro Person und Jahr. Das ist der 24fache Wert der einfachen, rein vegetarischen Ernährung und der zehnfache Wert des von der FAO angenommenen Basis-Wassereinsatzes.

Ich gebe freimütig zu, dass ich mich, vor die Wahl gestellt, für den fleischreichen Ernährungsstil entschieden habe. Damit brauche ich mich nicht als Sonderling zu fühlen, da bei dem in den industrialisierten Ländern der Erde in den letzten Jahrzehnten abgelaufenen, groß angelegten Feldversuch die überwiegende Mehrheit der Bevölkerung eine ähnliche Wahl getroffen hat. Durch die wachsenden Einkommen in den Industrieländern in der zweiten Hälfte des 20. Jahrhunderts war erstmals in der Geschichte der Verzehr von Fleisch keine Frage des Einkommens mehr. Vor die Wahl gestellt hat sich die Mehrheit der Bevölkerung für eine fleischreiche Ernährung und damit für einen Lebensstil mit hohem Verbrauch an grünem Wasser entschieden. Besonders eindrücklich wird dies klar, wenn man sich den weltweiten Siegeszug des Hamburgers in den letzten 50 Jahren vor Augen führt. Der Hamburger ist das Leitmotiv einer fleischzentrierten Mischernährung. Kaum eine Rezeptur war jemals erfolgreicher. Er besteht aus ca. 20 g Brot und in seiner Urform aus einem Hackfleischbrätling von ca. 100 g Rindfleisch. Das Kalorienangebot wird also im Wesentlichen vom Fleisch geliefert. Moderne Hamburger haben es geschafft, auf Wunsch der Kunden, diesen hohen Fleischanteil noch fast beliebig zu steigern. Einer weiteren Steigerung des Fleischanteils steht inzwischen wohl nur noch die Statik und damit die Essbarkeit des Hamburgers im Wege.

Doch bleiben wir beim Hamburger in seiner klassischen Form. Für die Produktion der etwa 20 g schweren Brothälften kamen ca. 20 Liter Wasser zur Anwendung. Die Produktion des Hackfleischbrätlings benötigte in Deutschland bei einem Gewicht von 100 g je nach Haltung der Tiere zwischen 3500 und 7000 Liter grünen Wassers. Bei ausgedehnter Weidehaltung in Südamerika lässt sich dabei der Wassereinsatz für den Brätling noch einmal kräftig steigern. An kaum einer anderen Stelle wird die Dominanz der Lebensstile in der Nutzung der grünen Wasserressourcen der Erde deutlicher als in diesem Fall. Stellen Sie sich also beim nächsten Verzehr eines Hamburgers vor, dass Sie dabei auch 35 gefüllte Badewannen Wasser, sozusagen virtuell, zu sich nehmen.

Abb. 26 zeigt als Indikator des stürmischen globalen Sieges-

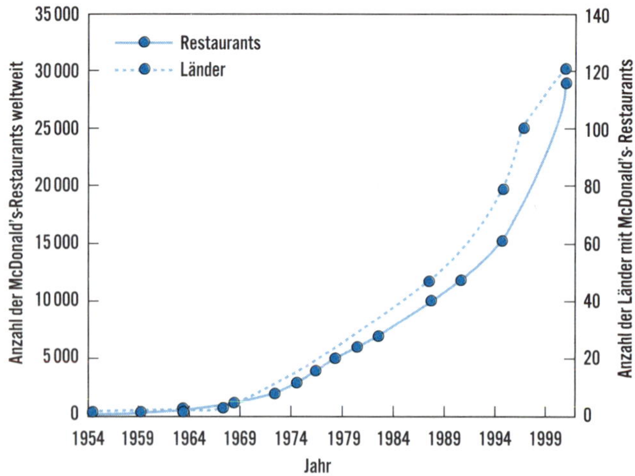

Abb. 26 Entwicklung der Anzahl von McDonald's-Restaurants sowie der Länder mit McDonald's-Restaurants seit 1954.

zugs des Hamburgers die Vermehrung der McDonald's-Restaurants in den letzten 50 Jahren sowie den starken Anstieg der Länder, in denen diese vertreten sind. Die gezeigte Kurve steigt viel steiler als die Bevölkerungskurve. Die Fast-Food-Restaurantkette hat es geschafft, eine Verdopplung der Anzahl der Restaurants zwischen 1995 und 2003, also in nur acht Jahren, hinzulegen.

Abb. 26 beeindruckt nicht nur wegen des massiven Anwachsens der Zahl der McDonald's-Filialen in den letzten 50 Jahren. Nicht minder erstaunlich ist die Verbreitung dieser Art des Nahrungsmittelangebots auf inzwischen 120 Länder der Erde. Dabei wurden scheinbar mühelos Kulturgrenzen überschritten. Das Nahrungsangebot der Fast-Food-Ketten basiert dabei in den meisten Ländern der Erde im Wesentlichen auf Rindfleisch. Der in Abb. 26 gezeigte Trend ist nicht so sehr als Amerikanisierung der Welternährung zu sehen. Er ist vielmehr Ausdruck des Wunsches nach mehr tierischen Nahrungsmitteln und erstes Anzeichen, dass der Wohlstand weltweit und nicht nur in den Industrieländern ansteigt. In einigen Ländern allerdings, wie z. B. in Indien, werden auf Druck der Regierung in den ausländischen Fast-Food-Ketten vorwiegend oder ausschließlich vegetarische Nahrungsmittel angeboten.

6.6 Zusammenfassung

Der Wasserbedarf des Menschen ist nun geklärt. Folgendes können wir festhalten:

1. Trinkwasser und Sanitärwasser wird auf der Erde noch lange nicht knapp. Hier bedeutet Wasserqualität Lebens-

qualität. Mit 20–40 Litern Wasser pro Tag kann sie für alle Menschen hergestellt werden.

2. Der Löwenanteil des Wasserverbrauchs fällt auf die Produktion von Nahrungsmitteln. Weltweit herrscht inzwischen Einigkeit darüber, was eine ausreichende und gesunde Ernährung ist. Für sie muss eine Wassermenge von 1300 m^3 pro Person und Jahr zur Verfügung stehen. Das Erdsystem ist in der Lage, eine solche Menge für alle heute lebenden Menschen zu liefern, die daraus produzierten Nahrungsmittel verteilen sich allerdings nicht gerecht auf alle Menschen.
3. Der Wasserverbrauch der Menschen wird im Wesentlichen durch den Speisezettel und damit durch die Lebensstile und Konsummuster bestimmt. Das suggeriert, man könne sich seinen individuellen Wasserverbrauch aussuchen. Dabei wird allerdings schnell vergessen, dass dies nur für einen kleinen, nämlich den reichen Teil der Erdbevölkerung zutrifft. Der Rest isst, was auf den Tisch kommt, und das ist oft zu wenig. Alle Erfahrung zeigt allerdings, dass der Mensch, wenn er sich den Wasserverbrauch für die Ernährung aussuchen kann, dann nicht im unteren, sondern im oberen Bereich der Verbrauchsskala landet, indem er sich einer fleischreichen Ernährung zuwendet.

Es sind also die grünen Wasserströme, denen unser weiteres Augenmerk gelten sollte. Bei ihnen ist wegen des steigenden Bedarfs an Nahrungsmitteln und dem heute bereits hohen Grad der Nutzung zukünftig am ehesten mit Engpässen zu rechnen. Der Mensch wird über die weitere Nutzung der grünen Wasserströme nach Einkommen, Wertesystem und unmittelbaren Bedürfnissen entscheiden. Gibt es dabei Mechanismen, mit denen man das Ungleichgewicht in der Nutzung der Ressource Wasser auf der Erde, das im letzten Kapitel zutage getreten ist, reduzieren kann? Gibt es Wege, um festzustellen, wie viel Wasser die Erde für die Menschen übrig hat? Dies sind Fragen, denen wir uns im nächsten Kapitel widmen werden, bevor wir im letzten Kapitel einen Blick in die Zukunft wagen.

7 Virtuelles Wasser

In unseren Nahrungsmitteln steckt eine Menge Wasser. Es wurde zu ihrer Herstellung verbraucht. Diese Menge an »indirektem« Wasser übersteigt das Gewicht der hergestellten Nahrungsmittel um das 1000- bis 50 000fache. Auch die Herstellung industrieller Waren ist mit dem Verbrauch von Wasser verbunden. Hier sind die Gewichtsrelationen mitunter ähnlich. Für die Produktion eines 2 g schweren Speicherchips, wie er in Computern verwendet wird, wird nach Untersuchungen von Williams (2002) 32 000 g Wasser verbraucht.

Das Lebenserhaltungssystem der Erde stellt den Bedarf der Weltbevölkerung an grünen Wasserströmen zur Erzeugung von Nahrungsmitteln schon heute bereit. Das eigentliche Problem ist die ungleiche regionale Verteilung der grünen Wasserströme und damit das Entstehen von Mangel und Überfluss.

Wie lässt sich dieses Ungleichgewicht weltweit ausgleichen und damit die Wasserknappheit in den Mangelregionen beseitigen? Dazu gibt es zunächst prinzipiell zwei Möglichkeiten:

1. Man exportiert überschüssiges, nicht genutztes Wasser von den wasserreichen in die wasserarmen Regionen der Erde. Dort wird es dann zur Produktion von Nahrungsmitteln benutzt. Dieses Konzept wird vereinzelt angewandt. So wird schon seit langem der größte Teil des Colorado im amerikanischen Westen mit gewaltigen Pumpstationen

durch mannshohe Pipelines über die Rocky Mountains nach Kalifornien gepumpt und dort zur Bewässerung verwendet. Der Colorado sammelt die Niederschläge und Schmelzwasser der östlichen Rocky-Mountains-Kette und entwässerte noch vor 100 Jahren in einem breiten Strom in den Golf von Kalifornien. Heute erreicht er nur noch selten das Meer, da sämtliches Wasser entnommen und fast alles exportiert wird. Der hohe technische Aufwand und die mit dem Pumpen verbundenen hohen Energiekosten machen den Transport von Bewässerungswasser allerdings in der Regel zu einem sehr unrentablen Unterfangen. Auch lassen sich große Wassermengen nicht über Kontinente hinweg transportieren.

2. Man nutzt das überschüssige Wasser in den wasserreichen Regionen zur Produktion wasserintensiver Güter und exportiert diese. Der Handel mit wasserintensiven Gütern reduziert die transportierte Menge um den oben angegebenen Faktor 1000 bis 50 000. Damit wird er sehr viel rentabler als der Handel mit reinem Wasser. Wenn eine Volkswirtschaft ein wasserintensives Produkt wie Fleisch oder Mikrochips in ein anderes Land exportiert, dann exportiert sie damit auch auf abstrakte Weise das Wasser, welches zur Produktion dieser Waren eingesetzt wurde. Das Wasser wurde zwar für den Export benutzt, aber nicht exportiert.

Dieses Wasser bezeichnet man als »virtuelles« Wasser. Das Konzept des virtuellen Wassers wurde Anfang der 1990er Jahre von Tony Allan eingeführt (Allan, 1993). Es erlaubt, den Einsatz der Ressource Wasser bei der Produktion und beim Handel von Gütern mit zu berücksichtigen. Gerade für wasserarme Regionen ist es wichtig, genau durchzurechnen, wie die vorhandenen Wassermengen am besten eingesetzt werden können. Ist es zum Beispiel in den Trockengebieten besser, sich darauf zu konzentrieren, erneuerbare Energie aus der dort reichlich vorhandenen Sonnenenergie zu produzieren und zu exportieren und mit dem Erlös wasserintensive Produkte zu importieren oder ist es besser zu versuchen, diese im eigenen Land zu produzieren und dafür kostbares Wasser möglicherweise falsch oder zu teuer zu nutzen beziehungsweise Wasser dafür gar importieren zu müssen?

Um Kosten und Nutzen verschiedener Strategien zukünftig besser gegenüberstellen zu können, ist das Konzept des virtuellen Wassers sehr hilfreich. Es erlaubt, das Wasser durch seinen gesamten Nutzungszyklus vom Niederschlag über die Erzeugung von Gütern durch Verdunstung von Wasser und die Nutzung bis zur nachfolgenden Entsorgung rund um den Globus zu verfolgen.

7.1 Was ist virtuelles Wasser?

Virtuelles Wasser ist also das Wasser, das einem Produkt innewohnt. Nehmen wir 1 kg Mehl, dann geht es nicht um den realen Wassergehalt des Mehls, sondern um das Wasser, das benutzt wurde, um das Kilo Mehl zu erzeugen. In unserem Sinn sind dies die schon vorher erwähnten 1500 Liter Verdunstungswasser. Das Konzept des virtuellen Wassers führt das grüne und blaue Wasser zusammen, indem es beim virtuellen Wasser keine Rolle mehr spielt, ob es grün oder blau ist. Wichtig ist beim virtuellen Wasser, dass es die Inanspruchnahme einer bestimmten Menge der Naturressource Wasser für einen spezifischen Zweck darstellt. Dieselbe Menge virtuellen Wassers kann zu keinem anderen Zweck mehr in Anspruch genommen werden. So ist es nicht möglich, mit dem virtuellen Wasser, das im betrachteten Kilogramm Mehl steckt, ein weiteres Kilogramm Mehl oder 45 Mikrochips zu erzeugen. Insofern kann virtuelles Wasser nicht beliebig vermehrt werden. Das virtuelle Wasser, das ein Land importiert, sollte deshalb zu den im Land benutzten eigenen Wasserressourcen hinzugezählt werden, um herauszufinden, in welchem Umfang ein Land die Wasserressourcen der Erde beansprucht. Importiert also Deutschland, wie es der Fall ist, im Winter große Mengen Zitrusfrüchte aus den Mittelmeerländern, so beansprucht der deutsche Verbraucher die Wasserressourcen dieser Länder. Wir importieren virtuelles Wasser, das in diesen Ländern für unsere Zwecke verdunstet wird und zu keinem anderen Zweck mehr genutzt werden kann. Wenn andererseits derselbe Verbraucher mit seinen heimischen Wasserressourcen in Deutschland Mikrochips herstellt und sie in die Mittelmeerländer exportiert, dann gleicht er den Import von virtuellem Wasser aus den betrachteten Ländern wieder aus.

Um das Konzept des virtuellen Wassers womöglich in Zukunft als Instrument für die bessere Verteilung der Ressource Wasser auf der Erde nutzen zu können, gehen wir noch einen Schritt weiter.

Wir fragen uns, wie viel Wasser denn verbraucht worden wäre, wenn das gewünschte Produkt, hier das Äquivalent von 1 kg Getreide, an dem Ort produziert worden wäre, wo es nachgefragt wird. Hinter dieser Perspektive steckt die Frage danach, wie viel Wasser man sparen könnte, wenn das Produkt im Land produziert und nicht importiert werden würde. Dies ist die Kernfrage der wasserarmen Länder. Sie steht am Anfang jeder Überlegung, wie man die Ressource Wasser global am effizientesten nutzten kann.

Mit dieser Perspektive auf das virtuelle Wasser entsteht

allerdings ein Problem. Was passiert, wenn ein Produkt in ein Land importiert wird, in dem es nicht produziert werden kann? In Deutschland z. B. ist der Reisanbau aufgrund klimatischer Limitierungen nicht möglich. Die Frage nach dem virtuellen Wassergehalt von Reis ließe sich damit zunächst für Deutschland nicht beantworten. Um sie trotzdem beantworten zu können, sucht man in Deutschland nach einem geeigneten Produkt, das der importierte Reis ersetzen könnte. Das gesuchte heimische Produkt sollte eine ähnliche Nährstoffzusammensetzung und einen ähnlichen Nährstoffgehalt besitzen wie der Reis und damit in der Ernährung durch den importierten Reis ersetzt werden können. Wenn das virtuelle Wasser in der äquivalenten Menge Reis kleiner ist, als die Menge an virtuellem Wasser für die Produktion des zu ersetzenden heimischen Nahrungsmittels, ist es aus Sicht der Schonung der weltweiten Wasserressourcen besser, Reis nach Deutschland zu importieren und hier die Wasserressourcen zu sparen. In diesem Sinn könnten wir sogar zu dem paradox erscheinenden Schluss kommen, dass Salzwasserfische aus dem Meer virtuelles Wasser enthalten, obwohl diese Fische niemals Süßwasserressourcen genutzt haben. Wichtig ist alleine, dass sie bei der Ernährung in der Lage sind, Nahrungsmittel zu ersetzen, die unter Nutzung von Süßwasser produziert wurden, weil sie Nährstoffe wie Eiweiß enthalten.

Die vorgestellte Sicht auf das virtuelle Wasser erlaubt es, zumindest prinzipiell, alle gehandelten Waren auf ihren Wassereinsatz und ihre Ersetzbarkeit durch andere, äquivalente Waren, die weniger Wasser verbrauchen, zu untersuchen. Wir haben damit das erste Werkzeug in der Hand, mit dem man den mitunter doch etwas deprimierenden Erkenntnissen des letzten Kapitels, in dem es ja um Lebensstile, Wasserverbrauch sowie Hunger und Überfluss ging, begegnen kann und sie damit nicht als unveränderbar gegeben hinnehmen muss. Am Ende dieser globalen Standortanalyse sollte damit klar sein, welche Nahrungsmittel und Industrieprodukte an welchen Orten mit der geringsten Menge virtuellem Wasser produziert werden können. Die Ergebnisse der Analysen des virtuellen Wassers und seiner Bewegung um den Globus kann dann dazu genutzt werden, die Ressource Wasser sehr viel effizienter zu nutzen und gerechter zu verteilen.

Wenn man mit dem Konzept des virtuellen Wassers also die Wege des Wassers durch die unterschiedlichen Produkte der landwirtschaftlichen und industriellen Produktionsprozesse verfolgt, sollte man eigentlich diesen Weg nicht abbrechen, wenn das Produkt, also die Orange oder der Mikrochip den Orangenhain oder die Fabrik verlässt. Eine konsequente weitere Betrachtung der Wasserwege schließt den gesamten Lebenszyklus des Produkts mit ein. Sie betrachtet den Transportprozess zum Kunden, schließt die Einflüsse ein, die das Produkt während und nach seiner Nutzung auf die Umwelt hat, berücksichtigt die Möglichkeit der Wiederverwendung des Produktes und quantifiziert dabei die dafür aufzuwendenden Wassermengen sowie die Wassermengen, die für seine Entsorgung und seinen endgültigen Abbau benötigt werden. Erst eine solche ganzheitliche Betrachtung der Inanspruchnahme von Wasserressourcen durch ein Produkt ermöglicht es, die Nutzung der Ressource Wasser möglichst sparsam zu gestalten.

Die Analyse der globalen Wasserströme im Laufe des Lebenszyklus eines Produktes ist eine faszinierende und neue Sicht auf die Nutzung der Naturressourcen der Erde. Sie steckt zurzeit noch in den Kinderschuhen, folgt aber konsequent den Forderungen der Dublin-Leitprinzipien zu Wasser und nachhaltiger Entwicklung. Dieses Werkzeug zu beherrschen, ist Grundvoraussetzung für eine zukünftig nachhaltige Nutzung der Ressource Wasser.

Welchen praktischen Nutzen besitzt nun das Konzept des virtuellen Wassers?

Ein wesentlicher praktischer Nutzen des Konzepts des virtuellen Wassers liegt darin, dass man virtuelles Wasser handeln kann. Der Handel mit virtuellem Wasser soll zur Sicherung der Wasserreserven und zur effizienten Nutzung der Wasserressourcen dienen.

Abb. 27 zeigt eine erste Abschätzung der Ströme virtuellen Wassers auf der Erde. Dabei sind die Regionen der Erde, von denen Pfeile ausgehen, Netto-Exporteure und die Regionen, in die die Pfeile führen, Netto-Importeure von virtuellem Wasser. Als Netto-Exporteure fallen vor allem Nord- und Südamerika sowie Australien und Neuseeland auf. Hier handelt es sich um die großen Fleischexporteure der Erde. Russland verfügt über eine ausgeglichene Bilanz virtuellen Wassers. China, Nordafrika und Europa gehören zu den großen Importeuren von virtuellem Wasser, was wiederum am Import von Fleisch und Getreide liegt, der in diesen Regionen stattfindet. Die Gesamtmenge des am internationalen Handel mit Lebensmitteln beteiligten virtuellen Wassers belief sich im Jahr 2000 auf 1340 km^3, das sind immerhin schon mehr als 1 % des gesamten Niederschlags auf der Landoberfläche oder mehr als 3 % der vom Menschen kontrollierten grünen Wasserflüsse (siehe dazu Tab. 6). Der Handel von virtuellem Wasser besteht zu 60 % aus pflanzlichen Nahrungsmitteln, zu 14 % aus Fischen und Meeresfrüchten, zu 13 % aus tierischen Produkten außer Fleisch und zu 13 % aus Fleisch.

Import von virtuellem Wasser reduziert den Druck auf die begrenzten Wasserressourcen und kann damit besonders in wasserarmen Ländern zur Entschärfung von Wasserkonflik-

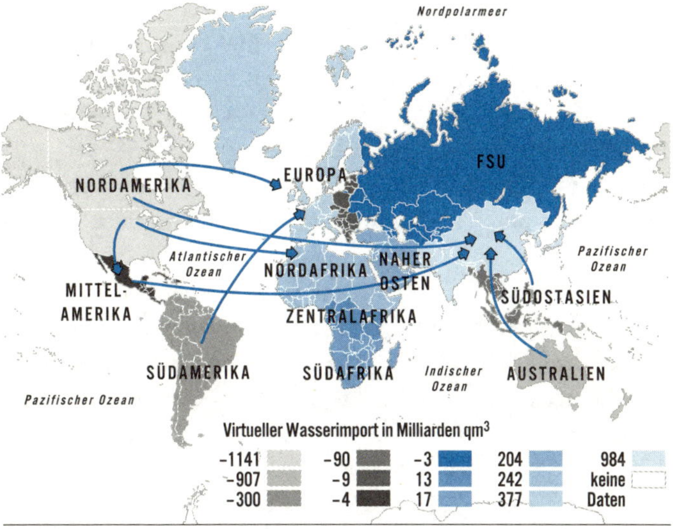

Abb. 27 Der weltweite Handel mit virtuellem Wasser in Milliarden Kubikmeter pro Jahr (nach Hoekstra, 2000).

ten und zur Verhinderung von Kriegen beitragen. Virtuelles Wasser ist dafür in der Regel besser geeignet als eine neuentdeckte Quelle oder ein neu erschlossener Aquifer mit fossilem Grundwasser. Die importierten wasserintensiven Lebensmittel wurden nämlich in den Ursprungsländern unter sehr viel nachhaltigeren Bedingungen produziert, als dies unter Nutzung nicht-nachhaltiger Quellen und Aquifere in den wasserarmen Konfliktregionen je möglich wäre.

Der politischen Dimension folgt die ökonomische Dimension. Das Konzept des virtuellen Wassers sorgt dafür, dass Länder diejenigen Güter exportieren, die sie im direkten Vergleich mit ihren Konkurrenten günstiger produzieren können, während sie Güter importieren sollten, die sie im direkten Vergleich mit ihren Konkurrenten ungünstiger produzieren können. In diesem Sinn stünde mit der Einführung des Handels mit virtuellem Wasser ein neues Instrument zur Verfügung, um die globale Wassernutzungseffizienz über Marktmechanismen zu verbessern. In einem globalen Wirtschaftssystem macht es durchaus Sinn, wasserintensive Produktionsbereiche dort zu konzentrieren, wo Wasser im Überfluss vorhanden ist. In diesen Regionen ist Wasser billig, es kann nachhaltig aus Niederschlag gewonnen werden, es muss nicht aus nicht-erneuerbaren Quellen, wie fossilen Grundwasserkörpern, gefördert werden und die Transportwege sind in der Regel kurz. Hinzu kommt, dass dort in vielen Fällen weniger Wasser benötigt wird, um ein bestimmtes Produkt zu erzeugen, als in Regionen, wo Wasser knapp ist. Der Handel von virtuellem Wasser zwischen einer Region, in der die Wassernutzungseffizienz groß ist, und einer Region, wo sie klein ist, führt damit, und das ist entscheidend, im Endeffekt zu *realen* Wassereinsparungen.

Wie groß sind diese Wassereinsparungen heute? Für das Jahr 2000 liegen Abschätzungen von Oki *et al.* (2003) vor, die zu dem Schluss kommen, dass durch den Handel mit virtuellem Wasser 455 km^3 Wasser eingespart werden könnten. Da diese Einsparungen hauptsächlich auf der Vermeidung von Bewässerung durch Handel beruhen, kann man daraus den Schluss ziehen, dass durch den internationalen Handel mit virtuellem Wasser jeder fünfte Kubikmeter Bewässerungswasser eingespart werden könnte.

Der Handel mit virtuellem Wasser zwischen Nationen und zwischen Regionen innerhalb von Nationen kann damit eine Alternative zu teuren Transfers von blauem Wasser sein. Die Forderungen nach Transport von blauem Wasser über Einzugsgebietsgrenzen hinweg und dessen Einsatz zur Bewässerung, wie es für den Colorado in den USA beschrieben wurde, werden zunehmend lauter. So plant China zurzeit ein gigantisches Netz von Kanälen und Pumpstationen, um Wasser vom Jangtse-Fluss im feuchten Süden in die landwirtschaftlichen Gebiete des trockeneren Nordens umzuleiten. Hier ist die Frage zu prüfen, ob es nicht ökonomisch günstiger ist, die Wasserressourcen im Süden zur landwirtschaftlichen Produktion zu nutzen und die fertigen Produkte in den Norden zu liefern, als das Wasser über Berge zu transportieren, damit es in den Norden fließen kann.

Viel allgemeiner betrachtet stellt sich schließlich die Frage, ob es nicht ökonomisch wie ökologisch sinnvoller ist, z. B. in Zeiten hoher Niederschläge und damit reicher Wasservorkommen mit einer Vielzahl kleiner Wasserspeicher eine möglichst große Menge an Nahrungsmitteln zu produzieren, diese zu lagern und in den Mangelzeiten zu nutzen, als wenige große Staudämme zu bauen, um Wasser über lange Zeiten zu speichern, damit man auch in Mangelzeiten in der Lage ist, Nahrungsmittel anzubauen.

Schon heute wird mit den global gespeicherten Nahrungsmittelreserven gleichzeitig auch virtuelles Wasser gespeichert. Addiert man das gesamte virtuelle Wasser auf, das in den strategischen Reserven von Getreide, Zucker, Fleisch und Speiseöl in den Lagern schlummert, so füllt es einen virtuellen Stausee mit einem Volumen von 830 km^3. Das sind bereits etwa 14 % des Wassers, das alle realen Staudämme der Erde gemeinsam fassen. Zählt man das im lebenden Rinder- und Schafbestand gespeicherte virtuelle Wasser hinzu, so erreicht das gesamte momentan gespeicherte virtuelle Wasser auf der Erde ein Volumen von 4600 km^3. Das sind beachtliche 77 % des Volumens aller Stauseen auf der Erde. Diese Mengen zeigen, dass virtuelles Wasser inzwischen einen sehr beachtlichen Wasserspeicher darstellt. Er hat inzwischen eine Größe erlangt, die es ermöglicht, weltweit zeitlich begrenzte Wasserkrisen zu mildern und Konflikte zu entschärfen.

Das Konzept des virtuellen Wassers ermöglicht es erstmals, den Einsatz einer Naturressource im gesamten Lebenszyklus von Produkten, im vorliegenden Fall von Nahrungsmitteln, weltweit zu verfolgen. Hier entsteht also eine erste Möglichkeit der Bewertung der Inanspruchnahme von Dienstleistungen des Lebenserhaltungssystems der Erde durch den Menschen. Damit verbunden ist die Möglichkeit, diese Dienstleistungen zu handeln. Dies wiederum eröffnet die Möglichkeit, Marktmechanismen dazu zu nutzen, das politische Ziel des nachhaltigen Umgangs mit der Ressource Wasser nicht nur anzustreben, sondern auch zu erreichen.

7.2 Konsum und Umweltverträglichkeit verbinden: Der Wasser-Fußabdruck

Das virtuelle Wasser, das in einem Produkt steckt, sagt also etwas aus über die Inanspruchnahme von Dienstleistungen des Lebenserhaltungssystems der Erde, die seine Erzeugung in Anspruch nimmt. Mit einer zunehmenden Weltbevölkerung und steigendem Wohlstand wird in den nächsten Jahrzehnten die Nachfrage nach Waren, die mit Hilfe von Wasser produziert werden, allen voran natürlich Nahrungsmittel, stark ansteigen. Damit drängt sich die Frage auf, ob es eine maximale Menge an virtuellem Wasser gibt. Mit anderen Worten, wo ist die Grenze der Inanspruchnahme der Dienstleistungen des Lebenserhaltungssystems der Erde, die mit Wasser verbunden sind?

Diese Frage scheint zunächst sehr schwer zu beantworten zu sein, sie klingt sehr akademisch und abstrakt. Und doch liegt sie der Hauptfrage des Buches, wie lange die Ressource Wasser reicht, zugrunde.

Wie geht man eine solche Frage an? Ich möchte versuchen, die Antwort aus den Grundsätzen der Koexistenz von Mensch und Natur auf der Erde zu entwickeln.

Jeder Mensch braucht ein Stück Landoberfläche, auf der er leben kann. Diese fundamentale Dienstleistung des Erdsystems kommt noch weit vor der Lieferung von Wasser und Nahrung. Damit ist Fläche oder wie man sagt ›Land‹ eine Naturressource. Land ist aber keine Naturressource wie Wasser oder Sauerstoff. Land ist im Gegensatz zu den beiden genannten Ressourcen nicht erneuerbar, gehorcht keinem Kreislauf und ist nicht vermehrbar oder vergrößerbar.

Alle wassergetragenen Dienstleistungen des Lebenserhaltungssystems, also z. B. Bereitstellung von Trink- und Sanitärwasser, Nahrungsmittelproduktion, Abfallbeseitigung und Abwasserreinigung sind ebenfalls an Flächen gebunden, auf denen die biologischen und chemischen Prozesse ablaufen können, auf denen sie beruhen. Indem ein Mensch die wassergetragenen Dienstleistungen des Lebenserhaltungssystems der Erde in Anspruch nimmt, hinterlässt er auf der Landoberfläche einen gedachten Fußabdruck. Dieser Fußabdruck ist so groß wie die Fläche, die gebraucht wird, um seinen Bedarf wassergetragener Dienstleistungen des Erdsystems *auf nachhaltige Weise* zu befriedigen. Man nennt diese Fläche den Wasser-Fußabdruck eines Menschen.

Eine gewisse Fläche wird also für die Produktion von Nahrungsmitteln benötigt, eine weitere Fläche für den Abbau der Abfälle, eine weitere zur Klärung des Abwassers usw. Diese Flächen addieren sich zum Wasser-Fußabdruck des betrachteten Menschen. Lebt er naturressourcenintensiv, indem er zum Beispiel viel Rindfleisch isst, beansprucht er einen größeren grünen Wasserstrom und damit eine größere Fläche der Erde, auf der diese Dienstleistung nachhaltig vom Erdsystem erbracht wird, als wenn er sich ausschließlich pflanzlich ernährt. Die Wasser-Fußabdrücke aller Menschen summieren sich auf zu einem großen Wasser-Fußabdruck der Menschheit. Übersteigt seine Fläche die Landoberfläche der Erde, ist der Punkt erreicht, an dem die Existenz der Menschen vom Lebenserhaltungssystem der Erde nicht mehr nachhaltig gesichert werden kann. Die Sicherung der Existenz der Menschheit ist ab dann zwangsläufig mit einer Schädigung des Erdsystems durch Übernutzung verbunden. Das Konzept des Wasser-Fußabdrucks des Menschen schafft somit die Möglichkeit, auf der Grundlage der ultimativ nicht vergrößerbaren Landoberfläche die Frage zu beantworten, ab wann die Nutzung der Ressource Wasser nicht mehr nachhaltig ist.

Der Wasser-Fußabdruck und seine Bestimmung mit Hilfe des virtuellen Wassers ähnelt sehr dem Konzept des ökologischen Fußabdrucks (Wackernagel und Rees, 1996). Zurzeit gibt es noch wenige aussagekräftige Studien zum ökologischen Fußabdruck und fast keine zum Wasser-Fußabdruck der Menschen, die die Flächenbeanspruchung durch Wasserdienstleistungen bestimmen. Ich möchte hier exemplarisch eine vorstellen, die sich mit dem Wasser-Fußabdruck der Menschen in den Anrainerstaaten der Ostsee beschäftigt hat. Im Vordergrund steht die Frage, ab welchem Punkt der menschliche Eingriff in die natürlichen Stoffkreisläufe im Ostsee-Einzugsgebiet einen Grad erreicht hat, der die Funktionsfähigkeit des Lebenserhaltungssystems beeinträchtigt. Jannsen et. al. (1999) haben exemplarisch für die ca. 85 Millionen Einwohner des Einzugsgebiets der Ostsee eine solche

Studie vorgelegt. Sie analysiert die Inanspruchnahme von Flächen und Wasserressourcen der Einwohner des Gebiets zur Aufrechterhaltung ihrer heutigen Lebensbedingungen und Konsumgewohnheiten.

Die Bestimmung des Wasser-Fußabdrucks beginnt bei Jannsen bei der Analyse des virtuellen Wassergehalts der Güter, die eine Person konsumiert, und der Dienstleistungen, die diese Person in Anspruch nimmt. In einem zweiten Schritt wird das benötigte virtuelle Wasser in äquivalente Flächen umgerechnet. Dies ist bei den grünen Wasserflüssen, die zur Produktion von 1 kg Mehl benötigt werden, relativ einfach. So haben wir weiter oben schon geklärt, dass eine Person im Durchschnitt eine grüne Wassermenge von 1300 m^3 pro Jahr zur gesunden Ernährung benötigt. Der Transpirationsstrom durch die Pflanzen, und damit der produktive grüne Wasserstrom, beläuft sich im Einzugsgebiet der Ostsee auf ca. 260 Liter pro m^2 und Jahr. Für den benötigten Transpirationsstrom von ca. 1300 m^3 pro Jahr muss einem Menschen im Einzugsgebiet der Ostsee damit der grüne Wasserfluss einer Fläche von ca. 4800 m^2 zur Verfügung gestellt werden.

Für andere Dienstleistungen können in ähnlicher Weise Flächen bestimmt werden. So werden Flächen benötigt, auf denen das Holz wächst zum Heizen, zum Bau eines Hauses sowie für Papier für eine Zeitung oder Flächen für die Beseitigung von Abfällen, die in Flüssen und Seen geklärt werden. Die Summe dieser Flächen bildet den Wasser-Fußabdruck eines Menschen, der im Einzugsgebiet der Ostsee lebt. Die Analysen, die zur Bestimmung des Wasser-Fußabdrucks durchgeführt werden müssen, sind im Allgemeinen nicht einfach. Sie folgen allerdings in ihrem ganzheitlichen Ansatz eng den Dublin-Leitprinzipien zu Wasser und nachhaltiger Entwicklung. Noch sind nicht alle Methoden so weit ausgereift, dass dieser Ansatz zu einer weltweiten Bestandsaufnahme der regionalen Belastbarkeit des Erdsystems genutzt werden könnte. Das Hauptproblem liegt in der Bestimmung der langfristigen Leistungsfähigkeit und Belastbarkeit der beteiligten Prozesse in den Bereichen nachhaltige Nahrungsmittelproduktion, nachhaltige Energieproduktion und nachhaltige Abfallbeseitigung und Wasseraufbereitung. So können wir heute sicher davon ausgehen, dass es durchaus möglich ist, durch den massiven Einsatz von Düngemitteln den landwirtschaftlichen Ertrag kurzzeitig zu steigern. Es ist allerdings noch unklar, wie weit diese Ertragssteigerung langfristig betrieben werden kann, ohne die Böden irreversibel zu schädigen oder durch eine Reduzierung der biologischen Vielfalt die Ökosysteme zu destabilisieren.

Das Ergebnis von Jannsen ist in Abb. 28 für den durchschnittlichen Einwohner des Ostsee-Einzugsgebiets zu sehen. Es werden fünf unterschiedliche Dienstleistungen des Erdsystems betrachtet, die Versorgung mit Trink- und Industriewasser, die Versorgung mit Nahrungsmitteln (Kohlehydrate, Fette und Eiweiße auf tierischer und pflanzlicher Basis), die Versorgung mit Holzprodukten (Papier, Hausbau, Brennstoff, etc.), der Abbau von Abfällen, die in die Seen geleitet werden, und den Abbau von Abfällen, die in Flüsse geleitet werden und dort abtransportiert werden. Zunächst wurde analysiert, welche Flächen benötigt werden, um die jeweilige Dienstleistung auszuführen. Der Niederschlag, der in der Ostseeregion auf eine Fläche von 440 m^2 fällt, reicht aus, um bei den heutigen Konsumgewohnheiten das Trink- und Brauchwasser sowie das Industriewasser für einen Einwohner zur Verfügung zu stellen. Die Produktion der Nahrungsmittel benötigt, wie weiter oben schon erläutert, eine Fläche von 4800 m^2 bzw. annähernd ½ Hektar. Um die konsumierten Holzprodukte für

Heizung, Hausbau, Zeitung etc. zur Verfügung zu stellen, ist der Biomassezuwachs einer Fläche von 37700 m^2 notwendig und für die nachhaltige natürliche Klärung der Abfälle ist eine Seefläche von 1300 m^2 und eine Flussfläche von 5600 m^2 erforderlich. Zusammen genommen beansprucht ein Einwohner des Einzugsgebiets der Ostsee bei seinem heutigen Lebensstil also eine Fläche von 50000 m^2 oder 5 Hektar, um mit den notwendigen wassergetragenen Dienstleistungen des Erdsystems *nachhaltig* versorgt zu werden. Hinter diesen Flächenangaben verbergen sich Wassermengen, die auf den jeweiligen Flächen über ein Jahr hinweg als grünes bzw. blaues Wasser umgesetzt wurden, um die jeweiligen Dienstleistungen zu erbringen. Diese sind durch die Pfeile in Abb. 28 repräsentiert. Sie geben die jeweiligen Mengen an genutztem blauen und grünen Wasser an. Da die ausgewiesene Fläche nur von einer Person genutzt werden kann, ermöglicht die beschriebene personifizierte Flächenbetrachtung eine einfache und trotzdem realistische Beurteilung der gesamten beanspruchten Wasserdienstleistung des Erdsystems.

Der in Abb. 28 gezeigte Wasser-Fußabdruck eines Ostsee-Anwohners weist erstaunlich hohe Mengen grünen Wassers vor allem beim Konsum von Holzprodukten auf. Das liegt vorwiegend am Energieverbrauch beim Heizen mit Holz. Die Einwohner des Einzugsgebiets der Ostsee heizen aber nicht vorwiegend mit Holz, sondern mit fossilen Brennstoffen, was nicht nachhaltig ist. Um den Wasserverbrauch und damit den Flächenanspruch zu bestimmen, der entstünde, wenn die Einwohner des Ostsee-Einzugsgebiets nachhaltig wirtschaften würden, wurde der Holzverbrauch bestimmt, der den heutigen Verbrauch an fossilen Brennstoffen ersetzen könnte. In diesem Sinn wohnt auch Rohöl, wie den weiter oben schon besprochenen Salzwasserfischen, virtuelles Wasser inne.

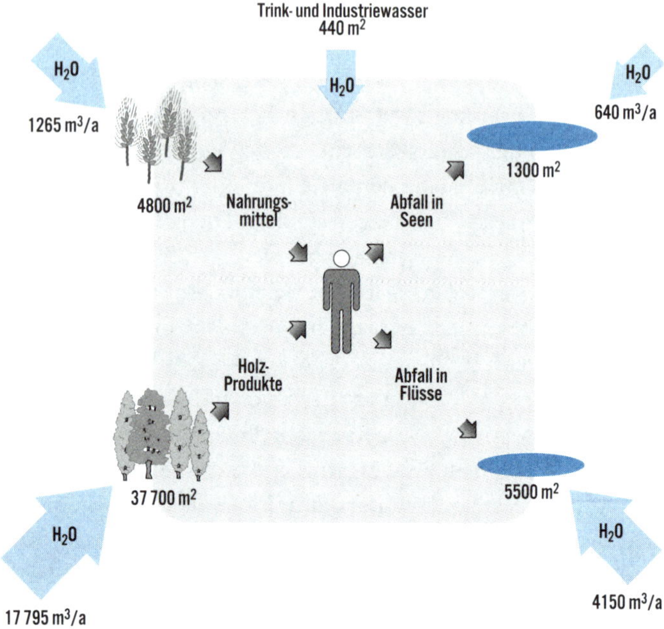

Abb. 28 Der ökologische Fußabdruck eines Einwohners der Ostsee-Anrainerstaaten, ausgedrückt in Flächenbedarf zur Bereitstellung der jeweiligen Dienstleistung des Erdsystems (grau getönte Fläche) sowie als Fluss grünen (links) und blauen (rechts) Wassers durch das Einzugsgebiet der Ostsee (nach Jannsen, 1999).

Ähnliches gilt für den hohen Holzverbrauch zur Papierproduktion für Zeitungen sowie in der Nutzung von Holz für den Hausbau.

Die interessante Frage liegt nun auf der Hand, ob bei den heutigen Lebensgewohnheiten die Fläche des Einzugsgebiets der Ostsee ausreichen würde, um allen dort lebenden Menschen die wassergetragenen Dienstleistungen, die sie beanspruchen, nachhaltig zur Verfügung zu stellen. Oder ist der heutige Lebensstandard der Ostsee-Anwohner zwangsläufig nicht nachhaltig?

Eine einfache Hochrechnung führt zu dem erstaunlichen Ergebnis, dass die benötigte Fläche die des Ostsee-Einzugsgebiets um mehr als das Zweifache übersteigt. Wenn jeder Ostsee-Anrainer wie weiter oben beschrieben, 5 Hektar Land für ein nachhaltiges Wirtschaften beansprucht, ergibt sich bei 85 Millionen Einwohnern eine gesamte Fläche von ca. 4,25 Millionen km^2. Das Einzugsgebiet der Ostsee weist aber nur 1,75 Millionen km^2 auf. Das vorliegende Beispiel zeigt somit deutlich, dass die Einwohner des Ostsee-Einzugsgebiets ihren Lebensstil und ihr Konsumverhalten aus den ihnen auf der Fläche ihres Landes zur Verfügung stehenden Wasserressourcen alleine nachhaltig nicht sicherstellen können und damit auf den Import von virtuellem Wasser und damit Erdsystem-Dienstleistungen, die ursprünglich in anderen Ländern erbracht wurden, angewiesen sind oder auf nicht-nachhaltige Dienstleistungen zurückgreifen müssen. Die Importe zur Deckung der Dienstleistungslücke bestehen vorwiegend aus nicht-erneuerbarer Energie in Form fossiler Brennstoffe wie Gas, Rohöl oder Kohle. Damit lässt sich auf Kosten der Nachhaltigkeit der große Flächenanspruch zur Nutzung von Holzprodukten real so weit reduzieren, dass gleichzeitig von den Ostsee-Anrainerstaaten noch große Mengen Holz exportiert werden können.

Der in Abb. 28 gezeigte Flächenanspruch aufgrund wassergetragener nachhaltiger Dienstleistungen ist nicht zwangsläufig gegeben. Er ist vielmehr ein Resultat bestimmter Lebensstile und Konsummuster. Für den Fall, dass die Isolation der Häuser verbessert wird oder die Zeitung im Internet gelesen wird und damit auf den Einsatz von Papier verzichtet wird, sinkt der Flächenbedarf für Holzprodukte. Eine Halbierung der verbrauchten Holzmenge und damit eine Halbierung des entsprechenden Flächenbedarfs würde den Gesamtflächenanspruch pro Person zum Beispiel auf ca. 3 Hektar sinken lassen. Eine Ausweitung des Verzehrs von Rindfleisch würde die beanspruchte Fläche schnell ausweiten und leicht verdoppeln können. Dies gälte allerdings nicht, wenn man anstelle des Rindfleisches vorwiegend Fisch aus der Ostsee wählen würde. Fisch würde eine Menge virtuellen Wassers zur Verfügung stellen, ohne die Ressource Wasser auf der Landoberfläche zu belasten. Der Einsatz von Kläranlagen wiederum ermöglicht eine weitgehende Reduzierung des Flächenbedarfs zur Klärung der Abfälle in Flüssen und Seen. Der Einsatz von Strom, der aus Wasserkraft und damit nachhaltig gewonnen wurde, zum Heizen der Häuser reduziert die Waldfläche, die beansprucht werden muss.

Diese Beispiele ließen sich fast beliebig erweitern. Sie zeigen, dass der Wasser-Fußabdruck des Menschen in seiner Größe nicht nur von den Lebensgewohnheiten, sondern auch vom Einsatz der richtigen Technologie und einem intelligenten Umgang mit Wasser abhängig ist und damit in weiten Grenzen gestaltet werden kann.

8 Die Zukunft der Ressource Wasser

Wir kehren nun zurück zum Anfang des Buches und zu Abb. 1. Dort haben wir die düster klingenden Perspektiven kennengelernt, die das Internationale Wassermanagement Institut (IMWI) in Sri Lanka zur Zukunft der Ressource Wasser erarbeitet hat. Weite Gebiete der Erde sind demnach im Jahr 2025 entweder von ökonomischer oder physikalischer Wasserknappheit betroffen. Dabei bedeutet ökonomische Knappheit, dass die Ressource Wasser nicht im Überfluss vorhanden ist und deshalb in ökonomische Abwägungen einbezogen werden muss. Sie wird 2025 bereits eine große Anzahl von Ländern betreffen und sie dazu zwingen, Nahrungsmittel und damit virtuelles Wasser aus anderen Ländern zu importieren. Physikalische Wasserknappheit ist vom IMWI so definiert worden, dass mehr als 40 % des vorhandenen blauen Wassers für die Produktion der Nahrungsmittel verwendet und damit in grüne Wasserflüsse umgelenkt wird. Erfahrungen zeigen, dass ab dieser Marke die von der Wasserknappheit ausgelösten Wasserkonflikte die Menschen dazu zwingen, in massivem Umfang auf nicht-nachhaltige Nutzungspraktiken, wie die Ausbeutung der fossilen Grundwasser, zurückzugreifen.

Zunächst wundert es nicht, dass diejenigen Regionen, die zukünftig von physikalischer Wasserknappheit betroffen sein werden, durchweg in den trockensten Regionen der Erde liegen. Der überwiegende Teil der Menschheit lebt dort nicht und ist somit auch nicht direkt betroffen. Bewertet die Karte des IMWI also die Ressource Wasser und ihre Knappheit vor dem Hintergrund der Diskussion zum virtuellen Wasser, dem weltweiten Handel mit Lebensmitteln und der Globalisierung der Märkte falsch?

Zunächst ist die Ressource Wasser immer noch gleichbedeutend mit dem Niederschlag auf den Festländern der Erde. Nur er erneuert sich ständig und kann deshalb auch nachhaltig genutzt werden. Damit ist zunächst klar, dass die Ressource Wasser noch sehr lange reichen wird. Kein vernünftiges Klimaszenario wurde je berechnet, das, einer biblischen Apokalypse gleich, den Niederschlag gänzlich zum Erliegen kommen ließe. Die Möglichkeiten, mit der Ressource Wasser Waren und Dienstleistungen, und das sind vor allem Nahrungsmittel, zu erzeugen, werden allerdings immer mehr eingeschränkt. Der Konkurrenzkampf zwischen dem Menschen und der Natur um die Ressource Wasser wird dementsprechend härter.

Dies klingt, als würden hier zwei Gegner kämpfen. Wäre dies der Fall, wäre das der Kampf des Menschen gegen sein eigenes Lebenserhaltungssystem. Auf globaler Ebene gliche dies einer schweren Autoimmunkrankheit, bei der das Immunsystem seinen eigenen Wirt zerstört. Dies endet in aller Regel für beide, den Menschen und sein Immunsystem, tödlich. Ein solcher Kampf hätte also nur Verlierer.

Wie wir gesehen haben, können wir die Grenze, bis zu der der Mensch die Wasser-Dienstleistungen des Erdsystems nachhaltig in Anspruch nehmen kann, inzwischen recht einleuchtend benennen aber immer noch nicht wirklich festlegen: Sie ist dann erreicht, wenn die Summe der Wasser-Fußabdrücke aller Menschen auf der Erde die Fläche des Festlandes übersteigt. Steuern wir auf diesen Punkt zu? Wie weit sind wir noch entfernt von diesem Punkt?

Wir stehen, wie Jill Jäger (2007) in ihrem Buch *Was verträgt unsere Erde noch?*, das in der gleichen Reihe erschienen ist, ausführlich beschrieben hat, vor einer bewegten aber nicht hoffnungslosen Zukunft. Wir haben 300 Jahre nie da gewesenen, unkontrollierten Wachstum hinter uns. Die zurückliegende Periode hat beispiellose Erkenntnisse geschaffen, es wurden bahnbrechende Technologien entwickelt und ungeheure Reichtümer angehäuft. Sie hat aber auch erstmals die Grenzen aufgezeigt, die die Erde absteckt. Das Erdsystem reagiert inzwischen nicht nur im Kleinen, sondern auch im Großen auf den Versuch der Besitzergreifung der wichtigsten Stoffströme durch den Menschen. Eines ist dabei absehbar: Für ein weiteres Wachstum im Stil der letzten 300 Jahre sind auf der Erde weder der Platz noch die Ressourcen verfügbar. Wir stehen also notgedrungen vor tiefgreifenden Veränderungen.

Was wissen und was ahnen wir darüber, was die Zukunft bringen wird? Das Klima wird sich weiter ändern, die Rechenmodelle der Klimaforscher malen mit steigender Sicherheit das Bild des zukünftigen Klimas. Es wird um 2–5 °C wärmer werden auf der Erde und, was in Bezug auf die Ressource Wasser noch wichtiger ist, die Niederschläge werden sich ebenfalls verändern. Im vor uns liegenden Jahrhundert wird die Erwärmung in den Tropen vergleichsweise gering ausfallen, während sie an den Polen sowie in der Tundra und der Taiga Sibiriens und Kanadas mitunter über 10 °C betragen wird. Dies wird dort vor allem dann einschneidende Veränderungen auslösen, wenn die mittlere Jahrestemperatur den Gefrierpunkt überschreitet. Dann werden nämlich dort die heute noch tiefgründig gefrorenen Böden auftauen. Damit wird sich in diesen Regionen die Vegetation umstellen und die dann nicht mehr gefrorenen Böden viel tiefgründiger nutzen. In unseren Breiten ist abzusehen, dass in Zukunft die Winterniederschläge zunehmen, während die Sommerniederschläge zurückgehen werden. Mit der steigenden Temperatur wird Deutschland also insgesamt mediterraner.

Alles deutet auch darauf hin, dass die Niederschläge extremer werden. Dort, wo es heute wenig regnet, wird es noch weniger regnen und dort, wo es viel regnet, wird es noch mehr regnen. Damit werden auch die Dürren intensiver und die Überschwemmungen größer. Wie die Niederschlagsverteilung auf der Erde sich im Rahmen der erwarteten Klimaänderungen im Einzelnen verändern wird, ob der Niederschlag auf dem Festland insgesamt zu- oder abnehmen wird und welche Auswirkungen dies auf die Ressource Wasser haben wird, ist gegenwärtig eine der spannendsten gemeinsamen Forschungsfragen der Klima- und Wasserforscher. Hier müssen all die beschriebenen komplexen Rückkopplungen zwischen der Vegetation und den Treibhausgasen, zwischen den Menschen und der Landnutzung, zwischen den Ozeanen und der festen Landoberfläche berücksichtigt werden. Es zeichnet sich ab, dass die zu erwartenden Änderungen beim gesamten Niederschlag auf dem Festland insgesamt nicht zu dramatisch ausfallen werden. Dies schließt allerdings nicht aus, dass es für verschiedene Regionen, und dazu gehören der Süden Europas, die Savannen des afrikanischen Sahel, das südliche Afrika und die Monsungebiete Asiens zu einschneidenden Veränderungen im Niederschlag kommen kann.

Das Zwischenstaatliche Forum für Klimaänderung (Intergovernmental Panel on Climate Change (IPCC) hat in seinem letzten Bericht 2001 festgehalten, dass »regionale Klimaänderungen bereits heute hydrologische Systeme sowie terrestrische und marine Ökosysteme beeinflussen« und dass die »steigenden sozio-ökonomischen Schäden, die inzwischen mit diesen regionalen Klimavariationen verbunden sind, eine steigende Verletzlichkeit gegenüber dem Globalen Wandel nahelegen«. Die gestiegene Verletzlichkeit wird sich wiederum vor allem in einer »steigenden Bedrohung der Gesundheit (zeigen), vor allem in dem Teil der Bevölkerung mit niedrigem Einkommen und in den Ländern der Tropen und Subtropen«.

Diese Aussagen klingen zunächst noch recht vage. Gemessen daran, dass das IPCC ein unabhängiges Gremium weltweit führender Wissenschaftler ist, die sich auf eine gemeinsame Formulierung einigen müssen, ist dies jedoch eine recht klare Aussage. Will heißen: Der Klimawandel hat bereits eingesetzt, er beginnt, die Wassersysteme zu beeinflussen, es gibt keine Anzeichen, dass er das Leben auf der Erde verbessern wird, er kostet bereits heute Geld und er wird in Zukunft voraussichtlich noch viel teurer werden.

Viel mehr wird sich zukünftig ändern als nur das Klima. Es gibt wichtige Entwicklungen, deren Verlauf in den nächsten 50, eingeschränkt auch in den nächsten 100 Jahren, heute schon recht gut abschätzbar ist. Hierzu gehört der weitere Anstieg der Bevölkerung. Wie ich bereits geschlossen habe, zielt die Strategie der Menschen als Lebewesen darauf ab, die Zahl ihrer Individuen stetig zu vergrößern. Seit etwa 30 Jahren – und das ist im Verhältnis zur 3 Milliarden Jahre währenden Entwicklungsgeschichte der Erde wie das Verhältnis einer Tausendstelsekunde zur Dauer eines Tages – verändert sich diese Strategie allerdings. Inzwischen wird kaum mehr bezweifelt, dass sich die Anzahl der Menschen auf der Erde wohl in »absehbarer« Zeit, und damit ist immer noch eine Zeitspanne gemeint, die mehr als ein Menschenleben umfasst, stabilisieren wird. Diese Entwicklung ist eingeleitet und wird in den nächsten Jahrzehnten Wirkung zeigen.

Heute liegt die jährliche Wachstumsrate der Weltbevölkerung bei 1,2 %. Das heißt, auf der Erde sind jährlich 78 Millionen Menschen oder fast ein ganzes Deutschland zusätzlich zu versorgen. Im Jahr 2050 wird, und das kann man inzwischen ziemlich sicher sagen, die Weltbevölkerung auf ca. 9,5 Milliarden Menschen angewachsen sein, aber nur noch mit 0,5 % pro Jahr wachsen. Dann werden »nur« noch 48 Millionen Menschen jährlich zusätzlich zu versorgen sein. Setzt sich der Trend dann weiter fort, würde sich die Weltbevölkerung ungefähr im Jahr 2075 bei 11 Milliarden Menschen stabilisieren und danach sogar abnehmen.

Diese Entwicklung ist erstaunlich. Sie ist umso erstaunlicher, als man beobachtet, dass sie in weiten Teilen der Erde, China weitgehend ausgenommen, ja nicht Resultat von Zwangsverordnungen ist. Vielmehr entscheiden sich Menschen, sobald sie die Wahl, Bildung und einen gewissen Wohlstand haben, offensichtlich aus freien Stücken, sich nicht mehr im gewohnten Tempo fortzupflanzen. Dies ist vor allem das Ergebnis von zwei Entwicklungen:

1. mehr Bildung und mehr Informationen, die glaubhaft machen, dass Wohlstand auch oder erst recht mit weniger Kindern möglich wird,
2. mehr Freiheit für die Frauen, an der Entscheidung mitzuwirken, wie viel Kinder sie bekommen möchten. Hierzu gehört vor allem der weltweit verstärkte Einsatz von Verhütungsmitteln auch in der Ehe.

Insgesamt sind die voraussichtlich nur verhaltene Veränderung der Niederschlagsmengen zusammen mit den Bemühungen, den Anstieg der CO_2-Gehalte in der Atmosphäre zu begrenzen, sowie die Verlangsamung des Bevölkerungswachstums für die Ressource Wasser gute Nachrichten. Latif hat in seinem Buch *Bringen wir das Klima aus dem Takt?* (2007), das in der gleichen Reihe erschienen ist, sehr deutlich Handlungsoptionen beschrieben, die sicherstellen, dass wir durch Nachhaltigkeit das Klima stabilisieren können. Sie geben zusammen mit der positiven Bevölkerungsentwicklung Anlass zu der Hoffnung, dass das Wachstum der letzten 300 Jahre tatsächlich nicht ungebremst weitergehen wird und wir bereits dabei sind, eine weiche Landung einzuleiten. Wie kann eine weiche Landung aussehen? Und wo werden wir landen?

Neben dem alles dominierenden Faktor der steigenden Bevölkerungszahl werden in Zukunft vor allem die gewählten Lebensstile und die zum Einsatz kommenden Technologien darüber entscheiden, wo wir landen werden, wie weich die Landung verlaufen wird und wie nachhaltig wir die Ressource Wasser nutzen werden.

Dabei geht es, wie wir gesehen haben, nicht so sehr um Trink-, Sanitär- oder Industriewasser. Diese können, den politischen Willen vorausgesetzt, mit vergleichsweise geringem finanziellem Aufwand und ohne Schädigung des Erdsystems allen Menschen in guter Qualität zur Verfügung gestellt werden. Sie werden der Erde so schnell auch nicht ausgehen. Die Herausforderung, die Ressource Wasser zukünftig nachhaltig zu bewirtschaften, entscheidet sich vielmehr an der Nahrungsmittelproduktion. Dies wirft drei Fragen auf:

1. Wie viel Wasser wird gebraucht, um die Nahrungsmittelversorgung in der Zukunft sicherzustellen?
2. Welches Wasser wird zukünftig genutzt werden, um die zusätzlichen Nahrungsmittel zu produzieren? Wird es Bewässerungswasser, also blaues Wasser, oder natürlicher Niederschlag, also grünes Wasser, sein?

3. Kann eine verbesserte Nutzung der Ressource Wasser den Konflikt entschärfen, der zwischen Landwirtschaft und Natur bei der Erbringung wichtiger Dienstleistungen für den Menschen und das Lebenserhaltungssystem der Erde besteht?

8.1 Wie viel Wasser wird zukünftig gebraucht?

Mit den grundlegenden Überlegungen von Kapitel 6 ausgestattet, fällt die Abschätzung des zukünftigen Wasserbedarfs nicht sonderlich schwer. Dies gilt zumindest für die Zeitspanne bis zur Mitte des Jahrhunderts, die danach folgenden Entwicklungen sowohl beim Klima als auch bei der Bevölkerung sind noch nicht sicher genug absehbar.

Bei der Abschätzung, wie viel Wasser im Jahr 2050 für die Ernährung der dann 9,5 Milliarden Menschen benötigt wird, sind zwei Aufgaben zu berücksichtigen. Erstens müssen wir bis dorthin den Hunger besiegen. Dies ist zuvorderst eine humanitäre Aufgabe. Die Lösung dieser Aufgabe ist aber auch eine zentrale Voraussetzung für den zukünftig nachhaltigen Umgang mit Wasser. Es ist nämlich unrealistisch zu erwarten, dass Menschen, die hungern, ihre Umwelt und Wasserressourcen nachhaltig nutzen und ihr Handeln am Wohlergehen zukünftiger Generationen ausrichten können.

Zweitens müssen die neu hinzukommenden Menschen mit Nahrungsmitteln versorgt werden.

Somit gilt, allen, die heute weniger als 1300 m^3 pro Jahr an grünen Wasserflüssen in Anspruch nehmen können, diese Wasserflüsse und die damit zusammenhängende Ernährung zur Verfügung zu stellen und für die neu Hinzukommenden 1300 m^3 pro Jahr zusätzlich zu erschließen. Tab. 12 stellt das

Resultat dieser Überlegungen dar und gibt Auskunft über die grünen Wasserflüsse, die 2050 zur ausreichenden Nahrungsversorgung aller Menschen benötigt werden.

Zweck	**Grüner Wasserfluss 2050 (km³/Jahr)**
Heutige Nahrungsversorgung	7800
Auslöschung des Hungers	2200
Nahrungsversorgung für zusätzlich 3 Milliarden Menschen	3900
Insgesamt	**13 900**

Tab. 12 Grüne Wasserflüsse, die benötigt werden, um die voraussichtliche Weltbevölkerung im Jahr 2050 zu ernähren.

Wie im Kapitel 6.4 erläutert, liegt der gegenwärtige grüne Wasserverbrauch bereits bei 1200 km^3 pro Jahr und Person. Für die weitere Steigerung macht Tab. 12 drei Annahmen:

1. Der Pro-Kopf-Einsatz von grünem Wasser für die Ernährung der Bevölkerung in den wohlhabenden Ländern bleibt auf dem hohen heutigen Niveau und verringert sich nicht.
2. Die Menschen in den sich entwickelnden Ländern erhöhen ihren Pro-Kopf-Einsatz von grünem Wasser nicht über den Basiswert von 1300 m^3 pro Jahr.
3. Die Menge an grünem Wasser, die benötigt wird, um die 3000 kcal pro Tag zu erzeugen, die jeder Mensch braucht, ändert sich nicht.

Im Jahr 2050 muss, diese Annahmen zugrunde gelegt, das Lebenserhaltungssystem der Erde also zusätzlich zu den 7800 km^3 pro Jahr, die es heute schon für die Landwirtschaft zur Verfügung stellt, weitere 6100 km^3 bereitstellen. Damit kommen wir zur zweiten Frage, die zu klären wäre.

8.2 Woher soll das zusätzliche Wasser kommen?

Der erste spontane Vorschlag, der trotz der nicht gerade positiven Erfahrungen mit dem Aralsee vorgebracht werden könnte, wäre mehr blaues Wasser für die Bewässerung zu nutzen und damit die bewässerten Flächen massiv auszuweiten. Dies setzt voraus, dass man erstens noch blaues Wasser und zweitens weitere Bewässerungsflächen zur Verfügung hat.

Wie ist es um die Ausweitung der Bewässerung also bestellt? Mehr als die Hälfte der heutigen Bewässerungsflächen liegen in Asien, vorwiegend in China und Indien. 80 % der heutigen Getreideernte in China und die Hälfte der Getreideernte in Indien kommen bereits von Bewässerungsflächen. Das Bewässerungswasser, das zunächst aus den Flüssen genommen wurde, wird inzwischen wegen des großen Bedarfs weltweit zunehmend aus dem Grundwasser entnommen. Die Grundwasserpegel fallen deshalb heute schon weltweit rapide. Dies treibt nicht nur die Pumpkosten in die Höhe, es sorgt auch dafür, dass viele Bewässerungsflächen inzwischen aus Wassermangel wieder aufgegeben werden mussten.

Die FAO, die Ernährungs- und Landwirtschaftsorganisation der Vereinten Nationen (FAO, 2002), hat sich eingehend mit der Perspektive einer Ausweitung der Bewässerungsfläche in den nächsten 30 Jahren beschäftigt. Danach wird sich die Bewässerungsfläche vor allem in den Entwicklungsländern ausweiten. Dort beträgt sie heute 200 Millionen Hektar, sie wird nach Angaben der FAO bis zum Jahr 2030 auf 242 Millionen Hektar ansteigen. Bei diesen Zahlen handelt es sich um die Netto-Fläche, die beträchtlichen Verluste an Bewässerungsflächen, die alljährlich durch Versalzung oder absinkende Grundwasserspiegel auftreten, sind in diese Zuwachsraten schon eingerechnet. Aus diesem Grund fällt der prognostizierte weltweite Zuwachs an Bewässerungsfläche auch relativ bescheiden aus. Die Zuwachsrate der nächsten 30 Jahre beträgt nämlich nur 0,6 % pro Jahr und wächst damit auch nur halb so schnell wie die Weltbevölkerung. Ein deutliches Zeichen der allmählichen Erschöpfung der Landreserven ist auch darin zu sehen, dass die Ausdehnung der Bewässerungsflächen sich heute schon stark verlangsamt, nachdem sie in den letzten 30 Jahren von 1969 bis 2000 mehr als doppelt so schnell gewachsen sind. Der Grund ist darin zu suchen, dass in den Ländern, die wegen des großen Zuwachses an Menschen auf einen Zuwachs an Bewässerungsflächen angewiesen wären, also zum Beispiel in Indien und China, die geeigneten Flächen bereits erschlossen sind. Auch in den entwickelten Ländern der Erde hat sich das Wachstum der Bewässerungsflächen stark verlangsamt und liegt heute bei unter 0,3 % pro Jahr.

Auch wenn die Versorgung mit Bewässerungswasser in den entwickelten Ländern nicht das vordringliche Problem darstellen wird, sind einzelne Regionen in den Entwicklungsländern zukünftig von großem Mangel an Bewässerungswasser geprägt. Im südlichen Afrika zum Beispiel, wo genügend Flächen für die Bewässerung zur Verfügung stünden, wird die durch den Klimawandel verursachte Reduzierung des Niederschlags die Ausweitung der Bewässerungsgebiete wohl stark bremsen. Dies leitet über zur Frage, ob genügend Wasser für die zusätzliche Bewässerung verfügbar wäre. Dies wird regional stark variieren. Im Jahr 2030 wird nach dieser Studie durch die Ausweitung der Bewässerung jedes fünfte Entwicklungsland an den Grenzen oder bereits jenseits der Grenzen der Verfügbarkeit blauen Wassers für die Bewässerung sein. Zu diesen Regionen, die dann, wie heute schon Saudi-Arabien und Libyen, große Teile ihres Bewässerungswassers aus fossilem Grundwasser entnehmen müssen, gehören dann bevölkerungsreiche Regionen, wie Westindien, Südasien, der Nahe Osten und das nördliche Afrika. Die Ergebnisse der FAO-Studie decken sich damit, was die Möglichkeiten der Ausweitung der Bewässerung angeht, weitgehend mit den Studien des IMWI.

Insgesamt gesehen kommt die FAO in ihrer Studie, die nur bis 2030 reicht, zu dem Schluss, dass die zusätzlichen Bewässerungsflächen grundsätzlich wohl dort entstehen werden, wo die Nahrungsmittel auch benötigt werden, nämlich in den trockenen Regionen der Entwicklungsländer. In diesen Regionen ist allerdings der Wassermangel auch am größten. Die Erschließung zusätzlicher Flächen wird allerdings dadurch zunehmend schwerer, dass große Mengen Wasser aus fossilem Grundwasser aus immer größeren Tiefen entnommen werden müssen und gleichzeitig mit großen Flächenverlusten durch Versalzung zu rechnen ist. Nehmen wir trotzdem an, die Ausweitung der Bewässerungsfläche schreitet bis 2050 mit dem eher gemächlichen Zuwachs von 0,6 % pro Jahr fort, so werden dann 345 Millionen Hektar Bewässerungsfläche zur Verfügung stehen. Für die ausgeweitete Bewässerungsfläche wird Bewässerungswasser benötigt, das aus dem blauen Wasserstrom entnommen werden muss. Die Menge, um die zusätzlichen Flächen weltweit zu bewässern, beläuft sich auf ca. 600–800 km^3 pro Jahr.

Von den insgesamt 6100 km^3 pro Jahr an grünen Wasserflüssen, die im Jahr 2050 zusätzlich benötigt werden, um die Bevölkerung zu ernähren, kann die Bewässerung offensichtlich nur ca. ein Zehntel zur Verfügung stellen. Die klare Nachricht der FAO lautet damit: Die Ausdehnung der Bewässerungsflächen alleine wird das Problem nicht lösen. Es bleiben

5400 km^3 pro Jahr an grünem Wasserfluss übrig, der zusätzlich aufgebracht werden muss, um die Weltbevölkerung zu ernähren.

Was tun? Stellen wir die Steigerung der Wassernutzungseffizienz der Landwirtschaft, die ja in Frage 3 noch eingehend behandelt wird, für den Moment zurück. Im Prinzip stehen zwei Optionen zur Verfügung, um diese Mengen an grünem Wasser aufzubringen:

1. Ausweitung des Regenfeldbaus, also der Landwirtschaft, die nur vom Niederschlag lebt, auf Flächen, auf denen bisher keine Landwirtschaft betrieben wurde.
2. Verstärkung des Wasserverbrauchs auf den Flächen, auf denen heute schon Regenfeldbau betrieben wird, durch Umlenkung von Wasser aus benachbarten Ökosystemen auf die Felder. Dies könnte z. B. dadurch geschehen, dass ein Wald gerodet wird und das Wasser, das, wie in Abb. 18 gezeigt, dann oberflächlich abfließt für die zusätzliche Bewässerung nahe liegender Felder genutzt wird.

Für die Ausweitung des Regenfeldbaus in bisher noch ungenutzten Räumen gibt es auf der Erde nach den massiven Landnutzungsveränderungen (siehe Kapitel 5) der letzten 300 Jahre und der bereits abgeschlossenen Ausbreitung der Landwirtschaft bis in die letzten geeigneten Winkel des Globus kaum noch Möglichkeiten. Auch der Klimawandel kann und wird dazu wohl nicht allzu viel beitragen. Durch die Temperaturerhöhungen werden Permafrostregionen auftauen und sich die Vegetationsgürtel nach Norden verschieben. Damit ist auch eine Verschiebung der Nadelwaldgürtel der Taiga nach Norden verbunden. Rein theoretisch würde dadurch Platz geschaffen für neue landwirtschaftliche Nutzflächen, die an die heutige nördliche Verbreitungsgrenze der Landwirtschaft anschließen könnten. Der wahrscheinliche Temperaturanstieg der nächsten Jahrzehnte sorgt dort für die von den Nutzpflanzen benötigte Wärme. Am zweiten wichtigen Faktor, den Kulturpflanzen benötigen, wird sich dort allerdings trotz Temperaturanstieg sicher nichts ändern. Die geringe Sonneneinstrahlung und kurze Vegetationsperiode sorgt in diesen Regionen für niedrige Erträge und damit niedrige landwirtschaftlich genutzte grüne Wasserflüsse. Hinzu kommt, dass noch nicht geklärt ist, in welchem Ausmaß der Klimawandel in anderen Regionen der Erde, wie zum Beispiel im Mittelmeerraum, für eine beschleunigte Ausbreitung der Wüsten sorgt und damit dort existierende Landwirtschaftsflächen zerstört.

Eine nennenswerte Ausweitung des Ackerlandes in Europa, Russland, Nordamerika und Ozeanien ist deshalb wohl nicht mehr möglich. Verschiedene Länder Afrikas, wie zum Beispiel Angola, sowie Brasilien verfügen noch über begrenzte, landwirtschaftlich nutzbare Flächen. Wie die aktuelle Diskussion vor allem in Brasilien zur Erzeugung von Energie aus nachwachsenden Rohstoffen zeigt, ist um die Nutzung dieser Flächen ein Konkurrenzkampf zwischen der Nahrungsmittelproduktion und der Energieerzeugung entbrannt. Brasilien plant, in den nächsten 25 Jahren die Produktion von Äthanol aus Zuckerrohr massiv auszuweiten. Dann soll auf neuen landwirtschaftlichen Flächen die halbe Saudische Ölförderung an Äthanol produziert werden. Brasilien wird dann hinter Saudi-Arabien zum zweitgrößten Energielieferanten der Erde aufsteigen. Auch dafür werden in großem Umfang grüne Wasserströme umzuleiten sein, die allerdings dann sowohl den natürlichen Ökosystemen als auch der Ausweitung der Nahrungsmittelproduktion verloren gehen werden.

Eine Umwandlung der Landnutzung benachbarter Ökosysteme zum Ernten des blauen Wassers stellt einen schwerwiegenden Eingriff in die Funktion dieser noch funktionsfähigen ökologischen Ausgleichsflächen dar. Sie hat, wo einigermaßen möglich, in den letzten 300 Jahren bereits stattgefunden und kann im großen Stil nicht mehr ausgeweitet werden. Die verbliebenen Flächen werden inzwischen definitiv für die Erhaltung der Funktionsfähigkeit des Lebenserhaltungssystems der Erde gebraucht.

Die klassischen Handlungsoptionen, mit denen in den letzten 300 Jahren den Folgen des Bevölkerungswachstums begegnet wurde, greifen also nicht mehr. Die Flächen, deren Verdunstung wir früher zusätzlich nutzen konnten, um eine sich vermehrende Bevölkerung zu ernähren, gibt es nicht mehr. In den gestrigen Denkschablonen reicht damit schon heute die Ressource Wasser nicht mehr.

8.3 Wasser besser nutzen: More Crop per Drop

Wir kommen zur dritten Frage: Der einzige Ausweg, der damit bleibt, scheint die Drosselung des Wasserverbrauchs der Landwirtschaft bei gleichzeitiger Ausweitung der Nahrungsmittelproduktion zu sein. Das heißt: Wasser sparen. Dies ist eine durchaus bekannte Forderung aus anderen Bereichen der Nachhaltigkeitsdiskussion. Beim Individualverkehr fordert man eine Reduzierung des Benzinverbrauchs der Autos und damit mehr Kilometer mit einem Liter Benzin.

In der Hydrologie heißt dieselbe Forderung »More Crop per Drop«. Sie wurde geprägt vom ehemaligen Generalsekretär der Vereinten Nationen, Kofi Annan, anlässlich der Millennium-Konferenz im Jahr 2000.

Die Forderung nach »More Crop per Drop« ist allerdings etwas völlig anderes als Benzin zu sparen. Beim Benzin-Sparen handelt es sich um die recht profane Forderung, einen nicht-erneuerbaren Rohstoff möglichst langsam zu Ende gehen zu lassen. Erstmals geht es bei der Forderung nach sparsamem Umgang mit Wasser um die globale und gleichzeitig nachhaltige Bewirtschaftung eines Stoffkreislaufs des Erdsystems: des Wasserkreislaufs.

Die Aufgabe ist zugegebenermaßen nicht klein. Es geht darum, den Einsatz von grünem und blauem Wasser zur Produktion von Lebensmitteln auf dem heutigen Niveau zu halten oder besser noch zu senken und gleichzeitig mit dem eingesetzten Wasser die doppelte Menge Nahrungsmittel zu erzeugen. Dieses Ziel übersteigt bei Weitem das der grünen Revolution der 1960er bis 1990er Jahre, die in dieser Zeitspanne weltweit die Erträge so erfolgreich vergrößern konnte (siehe Abb. 22).

Die grüne Revolution musste sich mit Effizienzfragen bei der Erzeugung von Nahrungsmitteln nicht tiefgreifender auseinandersetzen. Damals herrschte weder Knappheit an Land noch Knappheit an Wasser. Sie konnte auf drei Instrumente bauen:

1. Die erfolgreich auf Ertrag gezüchteten neuen Reis-, Getreide- und Maissorten,
2. die Ausweitung des Einsatzes der grünen und blauen Wasserströme,
3. die weltweite Ausweitung der Anbauflächen.

Die Steigerungen, die mit den vorhandenen, klassischen Methoden der simplen Ausweitung der Ressourcennutzung erreichbar waren, wurden damit allerdings auch weitgehend ausgeschöpft. Wir haben weiter oben gesehen, dass von den drei Optionen, die die grüne Revolution bei der Erzeugung von Nahrungsmitteln für eine wachsende Bevölkerung so erfolgreich machten, in der Zwischenzeit zwei nur noch sehr eingeschränkt zur Verfügung stehen: die Erweiterung des Einsatzes grüner und blauer Wasserströme und die Ausweitung der Anbauflächen. Beide können zur nachhaltigen Bewirtschaftung des globalen Wasserkreislaufs vor dem Hintergrund der bis auf ca. elf Milliarden Menschen steigenden Bevölkerung kaum mehr beitragen.

Konzentrieren wir uns also auf die Frage, welche Möglichkeiten bestehen, die blauen und grünen Wasserflüsse effizienter zu nutzen. Ist das darin liegende Potential überhaupt ausreichend, um die Ressource Wasser zu stabilisieren und zukünftig nachhaltig nutzen zu können?

Zur Einschätzung der Möglichkeiten, die für eine Effizienzsteigerung gegeben sind, werfen wir zunächst einen genaueren Blick auf die heute erzielten Erträge und vergleichen das Erreichte mit dem Möglichen. Dies ist in Abb. 29 am Beispiel der Maiserträge der Savannenregionen Afrikas nördlich und südlich des Äquators dargestellt. Diese Regionen gehören zu den globalen Problemfällen. Wenn wir also feststellen sollten, dass diese Regionen, die gegenwärtig durch schlechte Nahrungsmittelversorgung und variable Niederschläge gekennzeichnet sind, zukünftig eine Chance haben werden, dann kann man für den Rest der Welt auch verhalten optimistisch sein.

In Abb. 29 sind vier Gruppen von landwirtschaftlichen Betrieben sowie ihr jeweils erzielter Maisertrag gezeigt. Enthalten sind der kleine bäuerliche Betrieb am unteren Ende der Möglichkeiten, der durchschnittliche landwirtschaftliche Betrieb in den betrachteten Ländern, die von Wissenschaftlern oder gut ausgebildeten Landwirten geleiteten landwirtschaftlichen Musterbetriebe und Versuchsgüter sowie die kommerziellen, durchindustrialisierten Großfarmen. Die erste Kategorie beschreibt die Mehrzahl der Landwirte in diesen Ländern: Familienbetriebe mit wenig und oft schlechtem Land, vielen Kindern sowie eingeschränkten Produktionsbedingungen. Für diese Landwirte spielen neben dem Niederschlag, dem Saatgut und der Güte ihres Bodens ein ganzes Bündel weiterer Faktoren eine entscheidende Rolle für den tatsächlichen Ertrag ihres Landes. Hierzu gehören Arbeitskräftemangel, unklare Eigentumsverhältnisse, Einschränkungen in der Kapitalausstattung, kein Zugang zu Maschinen und Wasser, schlechter Zugang zu den Märkten, an denen sie die Güter verkaufen können, schlechte Lagerungsmöglichkeiten für die Ernte und nicht zuletzt ihre eigene schlechte Ausbildung. Der rechtzeitig gewährte Kredit für Saatgut, die Straße, die gebaut wurde, um die Ernte zur nächsten Stadt zu transportieren und der Berater, der den Fortschritt vor Ort bringt, haben tatsächlich einen viel größeren Einfluss auf die Art und Weise, wie diese Landwirte ihre Äcker bestellen und mit der Ressource Wasser umgehen, als Saatgut oder Niederschlag. Soziale, ökonomische und institutionelle Rahmenbedingungen, die mit der Natur wenig zu tun haben, beeinflussen den Landwirt darin, wann er sät, ob er den richtigen oder falschen Dünger verwendet, ob er Pestizide rechtzeitig und gezielt einsetzen kann und ob er die richtige Bodenbearbeitung zur Maximierung der Infiltration von Regenwasser und damit der grünen Wasserflüsse anwendet. Die Natur reagiert auf Defizite mit niedrigem Ertrag. Wie man sieht, bewegt sich in allen betrachteten Ländern der Maisertrag der Kleinfarmer bei etwa einer halben Tonne pro Hektar.

Die zweite Kategorie in Abb. 29 stellt den durchschnittlichen Maisertrag dar, der im südlichen Afrika von den Landwirten erzielt wird. Hier gehen also neben den Kleinbauern auch die mittleren und großen Betriebe mit den meist besseren Böden ein. Wie man hier sieht, ergibt sich im Durchschnitt ein Maisertrag von einer Tonne pro Hektar. Sehr viel interessanter wird die Betrachtung der landwirtschaftlichen Musterbetriebe und Versuchsgüter in diesen Ländern. Sie sind nicht ausschließlich auf den besten Böden angesiedelt und nutzen im Prinzip die gleichen Anbaupraktiken wie die kleinen und mittleren Betriebe. Die Versuchsgüter werden allerdings so geführt, dass man versucht, mit den gegebenen klimatischen Bedingungen und den technischen Möglichkeiten, die die kleinen und mittleren Landwirtschaftsbetriebe vor Ort haben, die besten Erträge zu erzielen. So achtet man vor allem auf eine bessere zeitliche Abfolge der Arbeitsschritte, wie Bodenbearbeitung, Säen, Düngen, Unkrautentfernung und Ernten, auf eine verbesserte Dosierung der Düngemittel und Pestizide und nicht zuletzt auf eine bessere Auswahl des Saatgutes. Der Erfolg ist erstaunlich. Die Musterbetriebe zeigen, dass unter den klimatischen Bedingungen der afrikanischen Savannen und mit den dort allgemein verfügbaren Techniken ein Ertrag von 3 bis 6 Tonnen Mais pro Hektar erzielt werden kann. Die konsequent effizienz-orientierte Bewirtschaftung der Flächen unter Einsatz konventioneller, vor Ort verfügbarer Technologien hat somit eine größere Steigerung des Ertrags bewirkt, als der Einsatz von leistungsfähigerem Saatgut und Düngemitteln im Verlauf der grünen Revolution. Und das Beste ist: Für diese massive Erhöhung des Ertrags wurde kein zusätzlicher Tropfen grünen Wassers verbraucht. Auch die Musterbetriebe benutzen, wie ihre kleinbäuerlichen Nachbarn, nur den Niederschlag für das Wachstum ihrer Pflanzen.

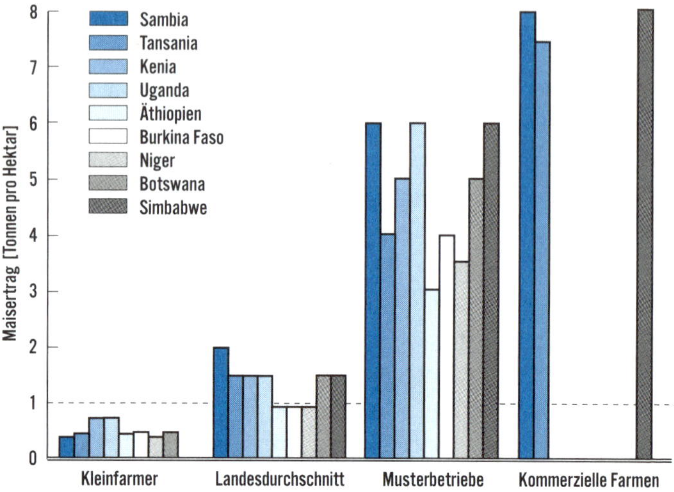

Abb. 29 Ertrag unterschiedlicher Farmen in den Savannenländern Afrikas (nach Falkenmark, 2004).

Die vierte Kategorie in Abb. 29 zeigt schließlich die Erträge der sogenannten kommerziellen Farmen in Sambia, Tansania und Simbabwe. Diese Ländereien befinden sich in der Regel auf den besten Böden der Region und werden nach europäischen Maßstäben und damit unter massivem Einsatz technischer Hilfsmittel von gut ausgebildeten Experten betrieben. Kommerzielle landwirtschaftliche Großbetriebe gibt es in nennenswertem Umfang nur in den aufgeführten Ländern. Sie erreichen Maiserträge von 8 Tonnen pro Hektar und liegen damit ziemlich gleichauf mit dem, was die landwirtschaftlichen Großbetriebe in der EU erzielen. Dort lag der Körnerertrag von Mais im Jahr 2005 bei 8,4 Tonnen pro Hektar (EUROSTAT, 2007). Selbst diese Zahlen sind noch weit entfernt von dem, was Maispflanzen theoretisch an maximalen Erträgen liefern können. Dieser Maximalertrag liegt für die heutigen Sorten unter optimalen Wachstumsbedingungen bei ca. 20 Tonnen pro Hektar. Ihn unter den unterschiedlichsten Umweltbedingungen, bei vielfältigen Möglichkeiten des Schädlingsbefalls und den variablen Klimabedingungen jemals großflächig zu erreichen, wird aber nicht möglich sein.

Trotzdem lässt sich aus Abb. 29 ein wichtiges Fazit ziehen: Zwischen dem, was die Landwirte heute weltweit ernten und dem, was sie heute schon unter Einsatz der gleichen Menge grüner Wasserströme ernten könnten, liegen Welten. Die eine Welt besteht aus der 1-Tonne-pro-Hektar-Landwirtschaft, die die zukünftige Weltbevölkerung nicht mehr ernähren kann, die andere Welt besteht aus der 5-Tonnen-pro-Hektar-Landwirtschaft, die rein theoretisch in der Lage wäre, dies zu tun. Die Welten, die sich da unterscheiden, sind die der Kleinbauern und der Musterbetriebe. Beide Welten liegen oft nur ein paar Kilometer entfernt voneinander und unterscheiden sich doch wesentlich darin, dass der Musterbetrieb die Möglichkeiten besitzt, die Eigenheiten seines Landes ganz spezifisch zu behandeln und bei der Sortenauswahl, der Wahl der Anbaupraktiken und dem Einsatz der Düngemittel und Pestizide zu berücksichtigen. Was die beiden Welten trennt, ist somit weniger der Zugang zu Land als der Zugang zu Bildung und gesichertem Einkommen.

Es schlummert also ein gewaltiges ungenutztes Potential zur Steigerung der Erträge in den heute schon genutzten Flächen des Regenfeldbaus. Die Gründe für die großen Abweichungen zwischen möglichen und realisierten Erträgen liegen nicht in den Pflanzen und nicht im Klima, sie liegen in der ungenügenden Ausschöpfung der Anbaupraktiken zur Maximierung des Ertrags durch die Landwirte.

Wenn man weltweit die in Abb. 29 angedeuteten Ertragsteigerungen umsetzen könnte, wäre eine Verdoppelung der Nahrungsmittelproduktion zu erreichen, ohne dem Erdsystem mehr grüne Wasserströme abverlangen zu müssen. Wie kann das geschehen? Zwei Stellschrauben sorgen dafür, dass der Niederschlag effizienter genutzt werden kann. Die erste Möglichkeit zur Ertragsteigerung besteht beim Regenfeldbau in einer züchterischen oder gentechnischen Veränderung der Pflanzen selbst. Damit soll erreicht werden, dass sie mit demselben produktiven grünen Wasserfluss mehr Biomasse bzw. mehr Nahrungsmittel produzieren. Zu den Aussichten der Züchtung und Gentechnik, die Produktivität der Pflanzen entscheidend zu steigern, hat Halbrock, (2007) ausführlich berichtet. Es bietet sich dabei vor allem an, die Fotosynthese selbst, die mit Hilfe des Chlorophyll-Moleküls ja nur 1 % des Sonnenlichts in Nahrungsmittel umwandelt, effizienter zu gestalten. Wenn man erreichen könnte, diesen Wirkungsgrad auf 2 % zu steigern, ohne dass die Pflanzen dabei mehr Wasser benötigen, wären zum Beispiel in Mitteleuropa und darüber hinaus in allen gemäßigten Regionen der Mittelbreiten zukünftig zwei Ernten möglich. Nachdem das Chlorophyll-Molekül zu den ältesten Molekülen der Evolution zählt, das sich zudem seit Beginn des Lebens auf der Erde kaum verändert hat, halten viele eine nennenswerte Steigerung der Effizienz der Fotosynthese für ähnlich unwahrscheinlich wie die kommerzielle Nutzung der Kernverschmelzung zu Energieerzeugung. Die Evolution hätte diese Möglichkeit im Laufe ihrer langen Entwicklungsgeschichte wohl schon verwirklicht.

Ein anderer Ansatz versucht, den Ernteanteil an der produzierten Biomasse züchterisch zu erhöhen. Die Erhöhung des Ernteanteils an der produzierten Biomasse war schon immer ein vordringliches Züchtungsziel. Inzwischen bestehen bei den Hochleistungs-Getreidesorten über 50 % der Ernte aus Körnern. Man schätzt, dass bei ca. 60 % eine obere Grenze erreicht ist, da die Pflanze außer Körner auch Halme, Blätter und andere lebenswichtige Organe produzieren muss. Damit ist diese Option, den Ertrag zu erhöhen, ohne den Wasserverbrauch auszuweiten, weitgehend ausgereizt und nicht in der Lage, für eine Verdoppelung der Nahrungsmittelproduktion zu sorgen.

Die dritte, wesentliche Möglichkeit zur Ertragsteigerung basiert auf der besseren Nutzung des Niederschlags für das Wachstum der Pflanzen. Diese entnehmen den produktiven grünen Wasserstrom aus dem Boden und leiten ihn zu den Blättern, wo er dann transpiriert. Der Niederschlag wird aber an der Erdoberfläche auch in einen unproduktiven grünen Wasserstrom gelenkt, der aus der Evaporation des Niederschlags von den benetzten Bodenoberflächen herrührt. Ertragssteigerung bei gleichbleibendem grünen Wasserfluss kann man nun dadurch erzielen, dass man mehr grünes Wasser durch die Pflanzen lenkt und weniger vom nassen Boden verdunsten lässt. Um dies zu erreichen, muss der unproduktive grüne Wasserstrom zugunsten des produktiven grünen Wasserstroms reduziert werden. Dies geschieht in der Regel, indem der Landwirt für eine dichte Pflanzendecke sorgt, von deren Blättern der Niederschlag abläuft, und die die Verdunstungsverluste des dann beschatteten Bodens minimiert. Die Pflanze sorgt somit selbst für mehr produktives Wasser zur Erzeugung von Biomasse. Diese Art des Verdunstungsmanagements ist weltweit noch nicht sehr verbreitet, verfügt über ein großes Potential, ist allerdings an sorgfältige Bearbeitung und Pflege der Bestände gebunden und auch nicht auf alle Nutzpflanzen anwendbar. So ist bei Reis, der vorwiegend als Nassreis auf überfluteten Feldern angebaut wird, der unproduktive

Wasserverlust sehr groß und auch nicht zu reduzieren. Am Hochertrags-Trockenreis wird deshalb intensiv gearbeitet.

Die Produktivität des eingesetzten grünen Wassers, also die Biomasse, die mit einer gegebenen Menge grünen Wassers produziert werden kann, steigt mit steigendem Ertrag. Je mehr eine Fläche an Biomasse produziert, desto sparsamer geht sie also mit dem Wasser um. Der Produktivitätszuwachs gehorcht dabei dem ökonomischen Gesetz des abnehmenden Grenznutzens. Das bedeutet, dass mit der jeweils nächsten Ertragsteigerung der Produktivitätszuwachs beim Wasserverbrauch immer kleiner wird. Bei einer Ertragsteigerung von 2,5 auf 5 Tonnen erhöht sich die Produktivität des eingesetzten grünen Wassers, als der »Crop per Drop«, demnach stärker, als dies bei einer Steigerung von 5 Tonnen auf 7,5 Tonnen der Fall ist. Spätestens bei einem Ertrag von ca. 10 Tonnen pro Hektar ist dann der Punkt erreicht, an dem keine weitere Produktivitätssteigerung beim Einsatz grünen Wassers mehr möglich ist. Dann ist das grüne Wasser optimal genutzt. Diese wichtige Erkenntnis bedeutet, dass hochintensive Landwirtschaft, wie sie in Europa betrieben wird, die effizienteste Methode ist, die grünen Wasserflüsse zu nutzen.

Wie realistisch sind die Aussichten, aus der heutigen Welt in die 5-Tonnen-pro-Hektar- oder gar 10-Tonnen-pro-Hektar-Welt zu kommen und wie kann dabei möglichst viel Wasser für die Natur zurückgewonnen werden?

Nicht überall auf der Erde lassen sich Ertragssteigerungen und gleichzeitige Produktivitätssteigerungen beim Einsatz grünen Wassers so günstig erreichen, wie in dem in Abb. 29 gezeigten Beispiel der Savannen Afrikas. Wo zu wenig Niederschlag fällt, sind die Ansätze nicht anwendbar. Das Gleiche gilt in Regionen, wo die Erträge schon recht hoch sind und ohne zusätzlichen Einsatz von Wasser nicht gesteigert werden könnten. Die Abschätzungen der internationalen Experten gehen davon aus, dass sich durch die Steigerung der Produktivität beim Einsatz der grünen Wasserflüsse weltweit deshalb nur ca. 1500 km^3 pro Jahr einsparen lassen. Das ist für sich genommen schon eine ganze Menge und entspricht etwa einem Drittel der grünen Wasserflüsse, die heute im Regenfeldbau eingesetzt werden. Von den 5400 km^3 an grünen Wasserflüssen, die trotz der Erweiterung der Bewässerung von der Landoberfläche der Erde erbracht werden müssen, um die Weltbevölkerung im Jahr 2050 zu ernähren, können somit 1500 km^3 pro Jahr durch »More Crop per Drop« eingespart werden. Es bleiben also 3900 km^3 pro Jahr grüne Wasserflüsse, die nicht gedeckt sind. Woher sollen sie kommen, wenn keine zusätzlichen Flächen mehr zur Verfügung stehen? Dieses Defizit an grünem Wasser, das nach Abwägung aller Möglichkeiten nicht mehr wesentlich verringert werden kann, drückt in einer Zahl die Weltwasserkrise aus, in die wir in den nächsten Jahrzehnten wohl geraten werden.

Symptome einer Wasserkrise kommen ja auch aus anderen Bereichen. Wie wir gesehen haben, ist der Wasser-Fußabdruck der Ostsee-Anrainer heute doppelt so groß wie die Fläche, die sie bewohnen. Dies stellt keine nachhaltige Nutzung der Umwelt dar. Im Fall der Ostsee-Anrainer lag das am hohen Wassereinsatz zum Heizen, den sie zurzeit nicht-nachhaltig und virtuell über fossile Rohstoffe erbringen. Das wird langfristig so nicht aufrechtzuerhalten sein. Wie sieht es in anderen Regionen der Erde mit der Nachhaltigkeit der Nutzung der Ressource Wasser aus? Entsprechende Studien über den Wasser-Fußabdruck der dortigen Bevölkerung müssen noch durchgeführt werden. Sehr wahrscheinlich werden sie, aus jeweils regional unterschiedlichen Gründen, zu ähnlichen Schlüssen kommen wie an der Ostsee.

Gegenwärtig ist die Nahrungsmittelproduktion der größte Wasserverbraucher auf der Erde. Andere Wirtschaftszweige wie die Energiewirtschaft liegen heute weit dahinter. Das liegt vor allem daran, dass es zwar fossile Energieträger aber keine fossilen Nahrungsmittel gibt, die man abbauen könnte. Nahrungsmittel sind per definitionem zu 100 % erneuerbare Rohstoffe. Die Tage der Energieversorgung mit fossilen Energieträgern sind gezählt, die Umstellung auf erneuerbare Energie hat bereits begonnen. Sobald es sich dabei um Energie aus Biomasse handelt, wird sie in Konkurrenz treten zur Produktion von Nahrungsmitteln. Dann wird eine weitere Steigerung der Erträge über die 5-Tonnen-pro-Hektar-Welt erforderlich sein, um sowohl Nahrung als auch Energie zu sichern. Eine Entspannung der Situation ist also nicht in Sicht. Damit sind die Aussichten, auf relativ einfache Art, nämlich durch weltweite Effizienzsteigerung alleine in den Entwicklungsländern das Problem zu lösen, beinahe auf den Nullpunkt gesunken.

8.4 Wege in die nachhaltige Nutzung der Ressource Wasser

Neue Wege sind also gefragt, um die 3900 km^3 grüner Wasserflüsse, die in der momentanen Rechnung im Jahr 2050 fehlen werden, durch weitere Effizienzsteigerungen in der Wassernutzung einzusparen. Das weitere Akzeptieren von Hunger ist kein Diskussionspunkt. Die Aufgabe des langfristigen Ziels der nachhaltigen Entwicklung auch nicht.

Wesentliche Potentiale wurden bei der Steigerung der Nutzungseffizienz bisher außer Acht gelassen. So haben wir in der ganzen zurückliegenden Behandlung des Themas die verschiedenen Nutzungen des Niederschlags getrennt behandelt.

Dies war besonders auffällig bei der Bewässerung und dem Trockenfeldbau. In der Bewässerung schlummern weltweit ungeheure Potentiale zur Effizienzsteigerung bei der Nutzung des eingesetzten Bewässerungswassers. Heute wird Bewässerungswasser in der Regel sehr ineffektiv eingesetzt, da ein großer Teil unproduktiv vom Boden verdunstet, wie das Beispiel vom Nassreis gezeigt hat. Unterirdisch verlegte Tropfbewässerungs-Anlagen gehen dabei einen anderen Weg. Sie transportieren das Bewässerungswasser und die darin gelösten Düngemittel über ein verzweigtes, im Wurzelraum verlegtes Leitungssystem direkt zu den Wurzeln. Sie erreichen dieselbe Produktivität in der Wassernutzung wie die europäische Hochertragslandwirtschaft, da das gesamte eingesetzte Wasser von den Wurzeln aufgenommen wird und damit der Pflanze zur Transpiration zur Verfügung steht. Damit lassen sich mit minimalem Wassereinsatz hohe Erträge erzielen.

Noch ausgeprägter wird die Steigerung in der Produktivität, wenn man diese Bewässerungssysteme in Regionen einsetzt, in denen zwar Regenfeldbau möglich ist, zur Ertragsteigerung aber zusätzliches Wasser benötigt wird. Dort sorgt der Niederschlag für die Basisversorgung der Pflanzen und die Bewässerung kann ausschließlich zur Ertragsteigerung eingesetzt werden.

Man könnte nun einwenden, dass diese aufwendigen Technologien für große Teile der Erde zu teuer und zu komplex sind. Dieses häufig vorgebrachte Argument verkennt die Dynamik, mit der sich andere, komplexere Technologien, wie der Computer, das Internet, die Autos und vieles mehr in kürzester Zeit weltweit verbreitet haben. Länder wie China und Indien haben die Wirtschaftskraft, solche oder ähnliche Systeme flächendeckend zu installieren, und haben die Bildungssysteme, um breite Bevölkerungsschichten in ihrer Nutzung zu unterrichten.

Das Beispiel zeigt, dass durch die Integration von Bewässerung und Regenfeldbau Wasser sehr viel effizienter genutzt werden kann. Die Möglichkeiten, durch Integration Gewinne in der Wassernutzungseffizienz zu erzielen, sind vielfältig. Über viele wird bereits nachgedacht, andere sind heute noch nicht einmal vorstellbar. Voraussetzung ist dabei allerdings, dass man den in den Dublin-Leitprinzipien zu Wasser und nachhaltiger Entwicklung geforderten ganzheitlichen Ansatz bei der Nutzung von Wasser konsequent umsetzt.

Hierzu gehört auch der Handel mit virtuellem Wasser. Er kann auf keinen Fall das Ziel haben, die Landwirtschaft ganzer Länder zum Erliegen zu bringen, indem man alle Nahrungsmittel einführt. Als Grundprinzip sollte weiter gelten, dass das Wasser dort genutzt wird, wo es gebraucht wird. Wie wir in Kapitel 7 gesehen haben, kann man aber durch den Handel mit virtuellem Wasser reales Wasser sparen. Dies ist immer dann der Fall, wenn der Exporteur die Nahrungsmittel wassereffizienter produzieren kann als der Importeur. 25 % des gesamten Getreidehandels beruht schon heute auf Wassermangel. Er wird vor allem von Ländern mit hohem Volkseinkommen in Wüstenregionen getätigt. Auch wenn viele Länder an Wasserknappheit leiden werden, haben sie die Mittel, um Nahrungsmittel von anderen Ländern zu kaufen? Zumindest geht in diesen Ländern in der Regel der Niederschlagsmangel einher mit einem Überschuss an Sonnenschein. Eine Erzeugung von erneuerbaren Energien aus Sonnenstrahlung könnte damit für diese Länder in ähnlicher Weise eine alternative Einnahmequelle sein, wie heute in Entwicklungsländern wie Ägypten der Tourismus. Dies setzt eine konsequente Internationalisierung der Nahrungsmittel- und Energiemärkte voraus. Handel mit virtuellem Wasser ist damit ein Bestandteil der Bewirtschaftung der globalen Ressource Wasser. Diese globale Bewirtschaftung der Ressource Wasser ist eine Aufgabe der gesamten Menschheit, ähnlich dem Schutz des Klimas.

Der Niederschlag ist die Ressource, die es zu bewirtschaften gilt. Er bewegt sich als Wasserdampf durch die Atmosphäre, kennt keine nationalen Grenzen und überquert sogar Ozeane. Vor dem Hintergrund der sich abzeichnenden Knappheit der Ressource Wasser hat es deshalb keinen Sinn, die blauen und grünen Wasserflüsse, die aus dem Niederschlag entstehen, zukünftig weiter regional oder gar national zu bewirtschaften. Es wird auch in Zukunft auf der Erde Regionen geben, in denen Wasser im Überfluss vorhanden ist und andere, in denen Wasser noch knapper werden wird. Und es wird sich wohl als glückliche Fügung erweisen, dass diejenigen, die viel Wasser haben, unter Energiemangel, und jene, die viel Energie haben, unter Wassermangel leiden werden. Eine nachhaltige Weltordnung wird nicht umhinkommen, diese Defizite wechselseitig auszugleichen, anstatt nationale Autarkie auf dem Rücken der Natur zu betreiben. Die Industrienationen tun dies heute, indem sie fossile Energiequellen nutzen und damit die Atmosphäre mit CO_2 anreichern; die Entwicklungsländer tun dies, indem sie zum Zweck der Nahrungsmittelproduktion ihre Wassersysteme und ihre Böden zerstören.

Die Herausforderung bleibt, in den nächsten 45 Jahren einen zusätzlichen grünen Wasserfluss von 3900 km^3 pro Jahr zur Verfügung zu stellen, ohne dabei das Lebenserhaltungssystem der Erde weiter zu schädigen. Viele Wege führen dorthin. Alle sind komplex. Einige zeichnen sich bereits am Horizont ab. Zu ihnen gehören:

1. Intelligentes Sparen unter Nutzung von Integrationsgewinnen. Dies setzt voraus, dass Experten verschiedenster Disziplinen gemeinsam nach Lösungen suchen – bisher nicht eine Stärke der klassischen Wissenschaften. Erste große Projekte wurden vom Bundesministerium für Bildung und Forschung unter dem Begriff »Globaler Wandel des Wasserkreislaufs« (GLOWA, 2007) aufgelegt. Sie haben zum Ziel, in verschiedenen Regionen Europas und Afrikas Möglichkeiten für Integrationsgewinne durch kombiniertes Land- und Wassermanagement zu identifizieren und Wege zu einem zukünftig nachhaltigen Umgang mit Wasser zu erforschen und Handlungsoptionen für ihre Umsetzung zu entwickeln.
2. Flächenexpansion. Diese ist nur noch in beschränktem Maß möglich, ohne das Erdsystem zu schädigen. Wird der Mensch es trotzdem tun? Vieles spricht leider dafür, auch wenn neben den klassischen Expansionsgebieten auf der Landoberfläche nun im Zuge der Ausbreitung von Aquakulturen die Meere hinzukommen werden.
3. Verstärkte Nutzung der Wasserüberschussgebiete und Handel mit virtuellem Wasser. Warum soll nicht die Landwirtschaft in Europa, USA, Kanada und zukünftig auch in Russland und der Ukraine in zunehmendem Maß Überschuss produzieren? Es hat sich gezeigt, dass dies vor allem auf den fruchtbarsten Böden unter weitgehender Einhaltung von Nachhaltigkeitsstandards möglich ist. Keine große Landwirtschaft geht effizienter mit Wasser um als die europäische. Aus Sicht des Erdsystems ist es allemal besser, man nutzt die landwirtschaftlichen Flächen dort intensiv, wo es möglich ist, als dass man weite Flächen extensiv nutzt, auf denen es eigentlich nicht möglich ist, und sie dadurch zerstört.

Grundvoraussetzung für eine Lösung des Problems ist, dass wir lernen, nationale und kulturelle Grenzen zu überwinden und die Erde nicht nur abstrakt und philosophisch, sondern ganz real als Ganzes zu begreifen. Erste Schritte sind gemacht. Sie führen uns zurück zum Beispiel des Nil-Einzugsgebiets.

In Kapitel 3 haben wir die große Asymmetrie zwischen den Nil-Staaten kennengelernt. Während Ägypten total abhängig ist vom Nil-Wasser und für sich genommen über keine nennenswerten erneuerbaren Wasserressourcen verfügt, ist Äthiopien ein wasserreiches Land. Äthiopien besitzt als Oberlieger auch die Kontrolle über die ägyptischen Wasserressourcen. Das hat Jahrzehnte lang zu Konflikten und Unruhen zwischen den beiden Ländern geführt, die nicht zuletzt von Ägypten angezettelt wurden, um Äthiopien in seiner Entwicklung zu behindern und es schwachzuhalten.

Um diese Konflikte zu beenden, wurde 1999 die Nil-Einzugsgebietsinitiative (Nile Basin Initiative, kurz NBI) zur regionalen Zusammenarbeit aller Länder im Einzugsgebiet des Nil ins Leben gerufen. Ziel ist die gemeinschaftliche langfristige Entwicklung und das Management der Wasserressourcen des Flusses. Durch eine verstärkte Zusammenarbeit soll ein realer Vorteil für alle innerhalb des Einzugsbereichs erreicht und eine Basis für gegenseitiges Vertrauen geschaffen werden.

Die ökonomische und die geographische Asymmetrie sollen also durch Zusammenarbeit und nicht durch Konflikt ausgeglichen werden. Ägypten ist ökonomisch viel stärker als die Oberlieger. Die Oberlieger, wie Äthiopien sind geographisch stärker, sie besitzen das Wasser. Beide Seiten, die Oberlieger und die Unterlieger haben inzwischen erkannt, dass genügend Wasserressourcen verfügbar sind, um die Landwirtschaft in Äthiopien und bei den anderen Oberliegern zu entwickeln und trotzdem Ägypten mit genügend Wasser zu versorgen. Beide Seiten gewinnen durch eine intelligente, abgestimmte, gemeinsame Nutzung des Nilwassers. Inzwischen entsteht Vertrauen und man hat beschlossen, nicht nur die Wassernutzung zu koordinieren, sondern dies auch auf die Elektrizitätsnetze auszudehnen und Energie auszutauschen. Wesentlich erscheint an diesem Ansatz, der international große Unterstützung findet, dass die Bemühungen dahingehen, konsequent »win-win«-Situationen zu finden und umzusetzen.

Am Nil tut sich also etwas. Ländergrenzen werden überschritten, Wasserressourcen werden gemeinsam und abgestimmt genutzt, andere Ressourcen folgen. Ähnliche Entwicklungen beginnen bei anderen großen Einzugsgebieten wie dem Volta oder dem Mekong.

Dies ist allerdings erst der Anfang. Bis zu einer globalen Bewirtschaftung der Ressource Wasser liegt noch ein langer Weg. Er wird Experten, die heute noch zu wenig miteinander reden, wie Wasserbauer, Hydrologen, Landwirte und Ökologen enger zusammenbringen. Auf dem Weg wird die Ressource Land, was wir damit tun und was sie für uns tut, mehr und mehr ins Zentrum des Interesses treten. Die Forschung darüber, welches weltweite Zusammenspiel der verschiedenen Nutzungsformen der Ressource Land am besten geeignet ist, die Dienstleistungen der Natur zu erhalten und gleichzeitig das Überleben der Menschen zu sichern, steht noch ganz am Anfang. Die dabei zu behandelnden Fragen gehören zum komplexesten und faszinierendsten, was die Wissenschaft zurzeit zu bieten hat.

Wenn wir lernen, die Ressource Wasser global zu bewirtschaften, wird sie noch lange reichen. Wasser ist nicht wie Erdöl, es erneuert sich ständig. Am Wasser, das wohl als erste Naturressource knapp wird, wird sich somit exemplarisch entscheiden, ob wir dazu fähig sind, die wichtigsten Stoffkreisläufe des Erdsystems nachhaltig zu managen. Nur dadurch können wir nämlich der Verantwortung auch gerecht werden, die wir durch ihre Aneignung und Besitznahme bereits übernommen haben. Mehr und mehr Wissenschaftler und Techniker aus allen Ländern der Erde widmen sich inzwischen diesem Thema, mehr und mehr Politiker fragen nach Lösungsansätzen, und immer mehr Menschen brauchen eine Lösung.

Glossar

Biomasse: Die von einer Pflanze durch Aufnahme von CO_2 mit Hilfe von Sonnenlicht erzeugte Menge an Pflanzenmaterial. Man unterscheidet zwischen feuchter und trockener, oberirdischer und unterirdischer Biomasse. Bei der pflanzlichen Produktion wird im Zusammenhang mit den grünen Wasserflüssen i. d. R. von der trockenen, oberirdischen Biomasse gesprochen.

Bodenfeuchte: Wassergehalt im Boden, der i. d. R. in Volumenprozent (Vol.-%) angegeben wird. Der Boden kann Wasser aufgrund von Bindungskräften der enthaltenen Minerale gegen die Schwerkraft halten. Ein Teil dieses Wassers wird von den Pflanzen aufgenommen und ist Voraussetzung für ihr Wachstum.

Desertifikation: Vorgang der Wüstenausbreitung aufgrund von Übernutzung der Wüstenrandgebiete durch den Menschen.

Dielektrizitätszahl gibt ein Maß für die Asymmetrie der Verteilung positiver und negativer Ladungen in einem Molekül an. Sind beide Ladungen gleich verteilt, hat die D. den Wert 1, befinden sich beide Ladungen getrennt in verschiedenen Teilen des Moleküls, steigt mit dem Grad der Trennung die D. an.

Erdsystem: Summe aller Mineralien und wechselwirkender Stoffkreisläufe der Erde. Die wesentlichen Kreisläufe sind der Wasserkreislauf, der Kohlenstoffkreislauf sowie der Stickstoff-, Phosphor- und Schwefelkreislauf. Das Erdsystem bezieht seine Energie von der Sonne und in kleinem Maß von Prozessen im Erdinneren. Dabei stellt sich ein Gleichgewicht zwischen Energieaufnahme und -abgabe ein. Die Gleichgewichtstemperatur wird wesentlich von den Treibhausgasen in der Atmosphäre bestimmt.

Ernteindex: Anteil der verwertbaren Körnerernte am Gewicht der erntereifen Nutzpflanze in Prozent. Der Rest besteht aus dem Gewicht der Blätter, Stängel und Ähren.

FAO: Food and Agricultural Organization (Nahrungs- und Landwirtschaftsorganisation) der Vereinten Nationen mit Sitz in Rom (www.fao.org).

Global Water Partnership wurde 1996 von der Weltbank, dem UNDP und der Schwedischen Entwicklungsagentur gegründet, um die Umsetzung der Dublin-Leitprinzipien zur ganzheitlichen, nachhaltigen Wassernutzung zu fördern (www.gwpforum.org).

IWMI: International Water Management Institute (Internationales Wasserbewirtschaftungsinstitut) in Colombo, Sri Lanka. IWMI hat zur Aufgabe, Grundlagenforschung im Bereiche Wasserbewirtschaftung durchzuführen (www.iwmi.org).

UNEP: United Nations Environment Programme (Umweltprogramm der Vereinten Nationen) mit Sitz in Nairobi (www.unep.org).

UNESCO: United Nations Educational, Scientific and Cultural Organization (Erziehungs-, Wissenschafts- und Kulturorganisation der Vereinten Nationen) mit Sitz in Paris (www.unesco.org).

Landnutzung ist der Eingriff des Menschen in die natürlichen Abläufe auf der Erdoberfläche, die er zu seinem direkten Nutzen durchführt. Zu ihr gehört neben der Umwandlung der Vegetation, z. B. von Wald in Landwirtschaft, der Bau von Siedlungen, Straßen, etc.

sowie z. B. die Intensivierung des Wachstums von Wiesen und Weiden durch Kunstdünger.

Lebenserhaltungssystem der Erde: Teil des Erdsystems, das die Voraussetzungen für Leben in der uns bekannten Form schafft. Leben ist nur in einem begrenzten Temperaturintervall möglich und an das Vorhandensein von CO_2 und flüssigem Wasser gebunden.

Naturressource: Der Mensch ist zur Sicherstellung seines Überlebens auf die ununterbrochene Verfügbarkeit von Gütern und Dienstleistungen des Erdsystems angewiesen. Die bereitgestellten Güter und Dienstleistungen werden als Naturressourcen bezeichnet.

Oberlieger bezeichnet, ausgehend von einer bestimmten Position an einem Bach oder Fluss, die jeweils hydraulisch oberhalb gelegenen Flusssysteme. Hydraulisch oberhalb liegt ein Flusssystem, wenn die Schwerkraft das Wasser aus dem Flusssystem zum betrachteten Punkt transportiert.

Treibhausgase sind Bestandteile der Atmosphäre, die verhindern, dass die Temperaturstrahlung der Erde in den Weltraum entweicht, was einen Energieverlust bedeuten würde. T. verhindern damit je nach Konzentration ein Auskühlen der Erde. Die wirksamsten Treibhausgase in der Erdatmosphäre sind Wasserdampf und CO_2. Sie erhöhen die Temperatur auf der Erdoberfläche um ca. 30 °C.

Unterlieger bezeichnet, ausgehend von einer bestimmten Position an einem Bach oder Fluss, die jeweils hydraulisch unterhalb gelegenen Flusssysteme. Hydraulisch unterhalb liegt ein Flusssystem, wenn die Schwerkraft das Wasser vom betrachteten Punkt weg in das Flusssystem transportiert.

WHO: World Health Organization (Weltgesundheitsorganisation) der Vereinten Nationen mit Sitz in Genf (www.who.int).

Literaturhinweise

Allan, J. A. (1993): Fortunately there are substitutes for water otherwise our hydro-political futures would be impossible, In: ODA, Priorities for water resources allocation and management, ODA, London, pp. 13–26.

Alcamo, J., Vörösmarty, C. (2005): A new Assessment of World Water Resources and their Ecosystem Services, Global Water News, No. 1 (2005) 2 (www.gwsp.org vom 12. 8. 2005).

Brown, L. R. (2004): Outgrowing the Earth, W. W. Norton & Co., London.

Cosgrove, W. J., Rijsberman, F. R. (2000): World Water Vision – Making water Everybody's Business. Earthscan, London.

Daily, G. C. (Ed) (1997): »Nature's Services – Human Dependence on Natural Ecosystems«, Island Press, Washington D.C.

ECOSOC (2001): Statistical Profiles of LDCs, 2001. Economic and Social Council (ECOSOC), United Nations Conference on Trade and Development UNCTAD, http://www.unctad.org/en/pub/ldcprofiles2001.en.htm (1. 10. 2002).

EUROSTAT (2007): Internetrecherche am 6. 12. 2006 unter http://epp.eurostat.ec.europa.eu

Ellen, R. F. (1987): Environment, Subsistance and System. The Ecology of Small-scale Social Formations, Cambridge, 324 pp.

Falkenmark, M. (2001): More Crops or More Ecological Flow? – in Search of a »Golden Section« in Catchment Rainwater Partitioning, in: Proceedings of the SIWI Seminar »Water Security for Cities, Food and Environment – Towards Catchment Hydrosolidarity« Stockholm, 2001.

Falkenmark, M., Rockström, J. (2004): Balancing Water for Humans and Nature, Earthscan, London.

Fewtrell L., Kaufmann R. B., Kay D., Enanoria W., Haller L., Colford J. M. Jr. (2005): Water, sanitation, and hygiene interventions to reduce diarrhoea in less developed countries: a systematic review and meta-analysis. Lancet Infectious Diseases 5(1): 42–52.
FAO (1995): Irrigation in Africa in Figures, Water Reports No. 7, Rome, FAO.
FAO (1999): IFAD/FAO (1999). Prevention of land degradation, enhancement of carbon sequestration and conservation of biodiversity through land use change and sustainable land management with a focus on Latin America and the Caribbean. World Soil Resources Reports 86. Rome, Food and Agriculture Organization.
FAO (2002): World Agriculture: towards 2015/30, Summary Report, Internetrecherche am 5. 1. 2007 unter http://www.fao.org/004/y3557e/y3557e21.htm
FAO (2006): World Agriculture: towards 2050, Summary Report, Internetrecherche am 3. 1. 2007 unter http://www.fao.org/es/esd/at2050web.pdf
Geographie (2007): Gebhardt, H., Glaser, R., Radtke, U., Reuber, P. (Hrsg.) (2007): Geographie – Physische Geographie und Humangeographie, Spektrum Akademischer Verlag, Heidelberg.
Gleick, P. H. (2000): The World's Water 2000–2001. The Biennial Report on Freshwater Resources, Island Press, Washington D.C.
Gleick, P. H. (2005): Internetrecherche am 6. 12. 2006 unter http://www.aaas.org/international/ehn/fisheries/gleick.htm
GLOWA (2007): Projekt: Globaler Wandel des Wasserkreislaufs im Rahmen der Global Change Forschung des Bundesministeriums für Bildung und Forschung (BMBF), Internetrecherche am 10. 1. 2007 unter http://www.glowa.org
Global Water Partnership (2000): Integrated Water Resources Management, Technical Advisory Committee (TAC) Background Paper No. 4 (www.gwpforum.org vom 3. 9. 2005).
Gorshkov, V. G., Gorshkov V. V., Makarieva, A. M. (2000): Biotic Regulation of the Environment: Key Issue of Global Change. Springer-Verlag, London.

Halbrock, K. (2007): Kann unsere Erde die Menschen noch ernähren, Fischer Taschenbuch Verlag, Frankfurt am Main.

Hoekstra, A. Y. and Hung, P. Q. (2002): Virtual water trade: A quantification of virtual water flows between nations in relation to international crop trade, Value of Water Research Report Series No. 11, IHE, Delft, the Netherlands.

IWMI (2000): International Water Management Institute: Water Issues of 2025: A Research Perspective. Colombo, Sri Lanka.

IPCC (Intergovernmental Panel on Climate Change) (2001): Scientific Assessment of Climate Change, Summary for Policymakers, Climate Change 2001: Synthesis Report of the IPCC Third Assessment Report. XVIII Session of the IPCC, Wembley, United Kingdom, 24–29 September 2001.

Jäger, J. (2007): Was verträgt unsere Erde noch? Fischer Taschenbuch Verlag, Frankfurt am Main.

Jansson, Å., Folke, C., Rockström, J., and Gordon, L. (1999): Linking freshwater flows and ecosystem services appropriated by people: The case of the Baltic Sea drainage basin. Ecosystems, 2, 351–366.

Latif, M. (2007): Bringen wir das Klima aus dem Takt?, Fischer Taschenbuch Verlag, Frankfurt am Main.

Mason S. A. (2004): From Conflict to Cooperation in the Nile Basin, Dissertation, Center for Security Studies, ETH Zürich.

Nicol A. (2003): The Nile: Moving beyond Cooperation, IHP-VI, Technical Documents in Hydrology, PC-CP Series, No. 16, UNESCO, Geneva.

Oki, T., Sato, M., Kawamura, A., Miyake, M., Kanae, S., Musiake, K. (2003): Virtual water trade to Japan and in the world. In: Virtual water trade. Proceedings of the International Expert Meeting on Virtual Water Trade (Edt.: A. Y. Hoekstra), Value of Water Research Report Series No. 12, Delft University, Holland.

Rapp A., Murray-Rust, H., Christiansson, C., Berry, L. (1972): Soil Erosion and Sedimentation in four Catchments near Dodima, Tanzania, Geografiska Annaler, 54A (1972), 3–4, pp. 255–318.

SDNP (2006): Internetrecherche unter Sustainable Development

Network Programme am 3. 12. 2006 auf http://www.sdnpbd.org/sdi/international_days/wed/2006/desertification/unep_status.htm#global_stat_dsrt

Shiklomanov, I. A., (Ed.) (1997): Assessment of water resources and water availability in the world. Comprehensive Assessment of the freshwater resources of the world. World Meteorological Organization, Geneva.

Shiklomanov, I. A. (2000): Appraisal and assessment of world water resources, Water International, 25(1): 11–32.

SIWI (Stockholm International Water Institute) (2004): Securing Sanitation – The Compelling Case to Adress the Crisis, Report to Government of Norway, The Stockholm International Water Institute, Sweden.

SIWI (Stockholm International Water Institute) (2005): UN Millennium Project Task Force on Water and Sanitation, Final Report, Abridged Edition Health, Dignity, and Development: What Will It Take?, Stokholm International Water Institute, Sweden.

Steffen, W., Sanderson, A., Jäger, J., Tyson, P. D., Moore III, B., Matson, P. A., Richardson, K., Oldfield, F., Schellnhuber, H.-J., Turner II, B. L., Wasson, R. J. (2004): Global Change and the Earth System – A Planet Under Pressure, Springer Verlag, Heidelberg, Germany.

UNEP (2002): Vital Water Graphics – An Overview of the State of the World's Fresh and Marine Waters. UNEP, Nairobi, Kenya.

UNEP (2005): Severskiy, I., Chervanyov, I., Ponomarenko, Y., Novikova, N. M., Miagkov, S. V., Rautalahti, E. and D. Daler. Aral Sea, GIWA Regional assessment 24. University of Kalmar, Sweden.

UNEP/GRID (2006): Internetrecherche am 6. 12. 2006 unter http://maps.grida.no/

U. S. Census Bureau (2006): Weltbevölkerung am 6. Dezember 2006: 6,561,495,011 nach: Internetrecherche am 6. 12. 2006 unter http://www.census.gov/ipc/www/popclockworld.html

Vashneva, N. S. and Peredkov, A. V. (2001). Water and Health. Water and Sustainable Development of Central Asia. Fund Soros-Kyrgyzstan (in Russisch).

Vitousek, P. M. 1994: Beyond Global Warming: Ecology and Global Change. Ecology: Vol. 75, No. 7, pp. 1861–1876.

Wackernagel, M., Rees, W. (1996): Our ecological footprint: Reducing human impact on the earth, New Society Publishers, Gabriola Island, B.C., Canada.

WBGU (1997): Welt im Wandel: Wege zu einem nachhaltigen Umgang mit Süßwasser, Jahresgutachten 1997 des Wissenschaftlichen Beirats der Bundesregierung Globale Umweltveränderungen, Springer Verlag, Heidelberg.

WHO / UNICEF (2004): Joint UNICEF / WHO Monitoring Program (JMP) website at http://www.wssinfo.org/en/welcome.html

Wichelns, D. (2001): The role of ›virtual water‹ in efforts to achieve food security and other national goals, with an example from Egypt, Agricultural Water Management, 49: 131–151.

Williams, E. D., Ayres, R. U. and Heller, M. (2002): The 1,7 kilogram microchip: Energy and material use in the production of semiconductor devices, Environmental Science and Technology 36 (24): 5504–5510.

WMO (1992): Internetrecherche am 25. 10. 2005 unter http://www.wmo.ch/web/homs/documents/english/icwedece.html